高等学校大数据专业系列教材

U0384583

# Python语言程序设计
# 基础教程 微课视频版

主编 周方 白有林

副主编 杨健 程新丽 郝琼 肖春新 陈建雄 朱友康 姜萌

清华大学出版社

北京

## 内 容 简 介

本书详细地介绍了 Python 的语法知识，并借助集成开发工具 PyCharm，提升读者的编程能力，训练程序思维，让其快速轻松地掌握一门时下最流行的编程语言。

全书共 13 章，分别是 Python 概述、Python 基础、流程控制语句、字符串与正则表达式、复合数据类型、函数、异常处理、面向对象编程、文件处理、模块、数据库编程、数据可视化、综合案例，书中所有知识点均给出了示例代码和相关案例，辅助读者理解相关概念及其应用。

本书可作为全国高等学校计算机类相关专业的教材，亦可作为高等学校各专业的通识教材和计算机编程爱好者的自学读物。

**图书在版编目（CIP）数据**

Python 语言程序设计基础教程：微课视频版 / 周方，白有林主编. -- 北京：清华大学出版社，2024. 10. --（高等学校大数据专业系列教材）. -- ISBN 978-7-302-67492-4

Ⅰ. TP312.8

中国国家版本馆 CIP 数据核字第 2024E3W039 号

责任编辑：陈景辉
封面设计：刘　键
责任校对：李建庄
责任印制：宋　林

出版发行：清华大学出版社
　　　　　网　　　址：https://www.tup.com.cn，https://www.wqxuetang.com
　　　　　地　　　址：北京清华大学学研大厦 A 座　　　邮　　编：100084
　　　　　社 总 机：010-83470000　　　　　　　　　　邮　　购：010-62786544
　　　　　投稿与读者服务：010-62776969，c-service@tup.tsinghua.edu.cn
　　　　　质量反馈：010-62772015，zhiliang@tup.tsinghua.edu.cn
　　　　　课件下载：https://www.tup.com.cn，010-83470236
印 装 者：大厂回族自治县彩虹印刷有限公司
经　　销：全国新华书店
开　　本：185mm×260mm　　　印　　张：16.5　　　　　字　　数：400 千字
版　　次：2024 年 10 月第 1 版　　　　　　　　　　　印　　次：2024 年 10 月第 1 次印刷
印　　数：1～1500
定　　价：49.90 元

产品编号：109392-01

# 前　言

当前人工智能和大数据等领域的理论研究和技术研发正在快速发展,Python 作为此前沿领域当中最为流行的计算机程序设计语言之一,已经被多数高校作为入门语言进行普及。它简单易懂的语法,结构清晰的程序风格,使读者能在较短时间内掌握,另外其强大的第三方编程库能实现更丰富多样的功能。

**本书主要内容**

本书是一本全面学习 Python 语法和初步应用的书籍,非常适合编程语言的初学者进行入门学习,读者可以很快地熟悉一门编程语言,并能够上手编程解决实际问题。

本书介绍 Python 的语法和基本应用,共有 13 章。

第 1 章　Python 概述,主要介绍 Python 的历史背景、特点及开发工具的安装等内容,包括 Python 概述、Python 环境配置、集成开发环境、程序编写的基本方法。其中重点介绍了 Python 的特点、版本差异和安装开发工具的注意事项。

第 2 章　Python 基础,主要介绍 Python 的基础语法内容,重点介绍了程序的输入与输出、程序风格和运算符的内容,另外简要介绍了 Python 的变量与数据类型和数字类型。本章对于各类运算的运算规则都给出了详细解释和简单示例。

第 3 章　流程控制语句,主要程序表示方法、顺序结构、分支结构、循环结构等内容,其中重点介绍了分支结构和循环结构,特别是 for 循环结构中的 range()函数,及 break、continue 和 pass 的应用。

第 4 章　字符串与正则表达式,主要介绍 Python 数据类型之字符串的相关内容,包括字符串的创建、字符串的格式化、字符串的处理。其中重点介绍字符串的提取和切片操作,以及字符串常用的处理方法。

第 5 章　复合数据类型,主要介绍 Python 中的四种复合数据类型,先简单介绍序列、映射和集合的特征,然后重点介绍列表、元组、字典和集合的创建、增删改查的方法和实际应用。其中列表和字典是 Python 中使用最为频繁的数据类型,会更为详细介绍。

第 6 章　函数,先简单介绍函数、函数基础语法,然后重点介绍函数的参数,包括位置参数、关键字参数、默认参数、不定长参数,接着会介绍函数返回值、变量作用域、函数的特殊形式。

第 7 章　异常处理,主要介绍异常处理的相关内容,包括理解异常、处理异常、抛出异常和代码调试,其中重点介绍了常见的异常及其处理机制。

第 8 章　面向对象编程,主要介绍面向对象思想、类和对象、方法、属性和面向对象特征。其中重点介绍了各种方法的创建和使用、各种属性的创建和使用还有面向对象三大特征——封装、继承和多态。

第 9 章　文件处理,主要介绍文件基础、文件操作、CSV 和 JSON 文件,其中重点介绍文件的打开、关闭操作,包括文件打开的各种权限,文件路径,with 关键字等,以及文件的读取、写入和文件指针移动操作等。

第 10 章　模块，主要介绍模块的概念、模块的导入与使用、内置模块、自定义模块，第三方模块安装导入，其中重点介绍了模块的导入与使用，常用的内置模块，以及自定义模块的创建与使用。

第 11 章　数据库编程，主要介绍数据库的相关操作，在简要介绍数据库的安装、数据库标准语言 SQL 的基础上，重点介绍了如何利用 Python 操作 MySQL 数据库、PyMySQL 模块的常用对象和使用，如何利用 Python 操作 SQLite 数据库，SQLite 3 标准库及其使用。

第 12 章　数据可视化，主要介绍数据分析及可视化综合案例，运用 NumPy 和 Matplotlib 模块中的方法，将 Python 的理论学习进阶到实际应用环节，对行业案例和数据进行数据分析并最终生成可视化图表。

第 13 章　综合案例，主要介绍员工信息管理系统的制作。采用面向对象和面向过程的编程方式，结合 MySQL 数据库编程，实现了管理员的登录、员工信息的增、删、查、改等功能。

**本书特色**

（1）由浅入深，通俗易懂。

本书由浅入深地对 Python 的概念与应用进行讲解，为读者更好地掌握 Python 基础与应用提供便利和支持。

（2）案例丰富，便于教学。

本书通过丰富的案例讲解，将基础理论知识点与应用紧密结合，便于 Python 编程与高级应用的教与学。

（3）创新课堂，体系完整。

教学设计采用 BOPPPS 教学模式，课堂教学内容更丰富。每章均配备思维导图，帮助本书形成完整的知识体系。

（4）思想引领，授课育人。

每章配有思想引领案例导读，将 Python 知识点与思想引领元素紧密结合，做到全课程的育才育德。

**配套资源**

为便于教与学，本书配有微课视频、源代码、教学课件、教学大纲、教案、习题题库。

（1）获取微课视频方式：读者可以先扫描本书封底的文泉云盘防盗码，再扫描书中相应的视频二维码，即可观看教学视频。

（2）获取源代码、全书网址方式：先扫描本书封底的文泉云盘防盗码，再扫描下方二维码，即可获取。

源代码

全书网址

（3）其他配套资源可以扫描本书封底的"书圈"二维码，关注后回复本书的书号即可下载。

**读者对象**

本书可作为全国高等学校计算机类相关专业的教材,亦可作为高等学校各专业的通识教材和计算机编程爱好者的自学读物。

全书编写分工如下:第 1 章由周方、白有林编写;第 2 章由周方、朱友康编写;第 3 章由郝琼、朱友康编写;第 4 章由朱友康、郝琼编写;第 5 章由陈建雄、肖春新、杨健编写;第 6 章由陈建雄、程新丽编写;第 7 章由陈建雄、白有林、杨健编写;第 8 章由陈建雄、姜萌、杨健编写;第 9 章由陈建雄、杨健编写;第 10 章由朱友康、程新丽编写;第 11 章由郝琼编写;第 12 章由朱友康、杨健编写;第 13 章由杨健编写。全书由华中科技大学杨铀教授、教育部高教司电子信息行业指导委员会专家成员奚海蛟主审,华中师范大学在读博士、武汉铁路职业技术学院周方教授、武汉生物工程学院陈建雄老师、武汉烽火技术服务有限公司高级工程师姜萌统稿审定。

本书的编写参考了诸多相关资料,在此表示衷心的感谢。限于个人水平和时间仓促,书中难免存在疏漏之处,欢迎读者批评指正。

作 者

2024 年 8 月

# 目　录

案例导读

# 第1章

# Python概述

**学习目标**

➢ 了解 Python 的特点、发展和应用领域。

➢ 掌握 Python 和 PyCharm 开发环境的搭建方法。

➢ 掌握 Python 程序的运行方式。

随着信息技术的高速发展,人们的生活已经发生翻天覆地的改变,应用和服务领域呈现多元化趋势,视频、游戏、通信等日常应用都与程序设计语言息息相关。本章将给大家介绍当下最受欢迎的编程语言之一——Python 的诞生和发展历程,以及 Python 语言的开发环境。

## 1.1 认识 Python

Python 是一种跨平台的、开源的、免费的解释型高级动态编程语言。它采用解释方式执行,支持伪编译将源代码转换为字节码来优化程序,从而提高运行速度,并且支持使用 pyinstaller、py2exe 等工具将 Python 程序及其所有依赖库打包为扩展名为".exe"的可执行程序,使其可脱离 Python 解释器环境和相关依赖库并在 Windows 平台上独立运行。

Python 不仅支持命令式编程、函数式编程,而且支持面向对象的编程,语法简单清晰,并且拥有大量的几乎能支持所有领域应用开发的成熟扩展库。Python又称为"胶水语言"，它可以把多种不同语言编写的程序融合到一起并实现无缝拼接，更好地发挥不同语言和工具的优势，满足不同应用领域的需求。

### 1.1.1　Python 的发展史

Python语言的创始人是荷兰的吉多·范罗苏姆（Guido van Rossum）。1989年圣诞节期间，在阿姆斯特丹，范罗苏姆为了打发圣诞节的无趣，决定开发一个新的脚本解释程序，作为 ABC 语言的继承。之所以选中 Python（中文释义：蟒蛇）作为该编程语言的名字，是取自英国 20 世纪 70 年代首播的电视喜剧片《蒙提·派森的飞行马戏团》（*Monty Python's*

图 1-1　**Python 蟒蛇图标**

*Flying Circus*）。Python 蟒蛇图标如图 1-1 所示。

ABC 语言是由 Guido 参与设计的一种教学语言。在 Guido 看来，ABC 语言优美且强大，是专门为非专业程序员设计的。但是 ABC 语言并没有成功，Guido 认为是该语言没有免费开源造成的。所以 Guido 决心在 Python 语言上进行完善，基于此，Python 在 Guido 手中诞生了。因此，Python 是从 ABC 语言发展起来的，主要受到了 Modula-3 语言（另一种相当优美且强大的语言，为小

型团体所设计的）的影响，并且结合了 UNIX Shell 语言和 C 语言的习惯。

目前，Python 已经成为最受欢迎的程序设计语言之一。2004 年以后，Python 的使用率呈线性增长。Python 2 版本于 2000 年 10 月 16 日发布，稳定版本是 Python 2.7。Python 3 版本于 2008 年 12 月 3 日发布，不完全兼容 Python 2。2011 年 1 月，它被 TIOBE 编程语言排行榜评为"2010 年度语言"。直到 2022 年，Python 在 IEEE 和 TIOBE 编程语言排行上基本都是位列前三的语言。

### 1.1.2　Python 的特点

#### 1. 简单、易学

Python 是一种语法简单、层次结构清晰的程序语言。在阅读 Python 语言编写的程序时，让人有一种阅读格式工整规范的英文诗句的感受。相较于其他的程序语言，如 C++、Java 语言，Python 标识特定功能的关键字更少，只有 35 个关键字。另外，Python 精简了语法内容，使程序员能够专注于解决问题而不是去专研语言本身。例如，Python 删除了选择结构中的 switch-case 结构、循环结构中的 do-while 结构等。当然，Python 的简单、易学远不止如此，随着对 Python 的逐步学习，读者会有更多的体会。

#### 2. 免费、开源

Python 是自由/开放源码软件（Free/Libre and Open Source Software，FLOSS）之一。简单地说，用户可以自由地发布这个软件的复制版本、阅读它的源代码、对它的源代码做改动、把它的源代码的一部分用于新的自由软件中。这不仅意味着可以免费使用 Python，而且大量的 Python 学习者可以根据自己的经验不断地提供完善 Python 语言的建议，这也是Python 变得如此强大的重要原因。

#### 3. 解释型语言

Python 语言是一种解释型语言，完成源代码编写并执行后，Python 解释器会逐行进行

解释,同时逐行执行。相较于编译型语言,以 C 语言为例,它是通过编译器一次性将源代码编译成目标程序,然后再执行。解释性语言这种边解释边执行的特性,可以保留源代码,对程序的维护和修改比较方便。而且只要有解释器的系统,源代码就可以直接被移植执行。

### 4. 可移植性

由于 Python 的开源本质及解释执行的特点,Python 源代码可以在任何装有 Python 解释器的平台上执行,Python 已经可以被移植到许多平台上。如果避免使用依赖于系统的特性,那么所有的 Python 程序无须修改就可以在 Linux、Windows、FreeBSD、Macintosh、Solaris、OS/2、Amiga、AROS 等平台上运行。

### 5. 可扩展性

Python 可以整合 C、C++和 Java 等语言的代码,可以通过接口和函数库将其他语言的代码整合在一起,所以 Python 语言也被称为"胶水语言"。

### 6. 面向对象

Python 既支持面向过程的编程,也支持面向对象的编程。在面向过程的语言中,程序是由过程或仅仅是可重用代码的函数构建起来的。在面向对象的语言中,程序是由数据和功能组合而成的对象构建起来的。与其他语言(如 C++和 Java 语言)相比,Python 以一种非常强大而又简单的方式实现面向对象的编程。

### 7. 丰富的库

Python 的库是具有相关功能模块的集合,其中,模块是实现各种功能的函数、类和可执行代码等内容的集合。Python 的库分为标准库和第三方库。Python 的标准库是自带的,功能齐全,可以用于处理各种常用的工作,包括正则表达式、文档生成、单元测试、线程、数据库、网页浏览器、电子邮件、XML、HTML 和其他与系统有关的操作等。Python 的第三方库更丰富,包括 Scrapy(网络爬虫库)、Django(Web 应用框架)、wxPython(图形用户界面图形库)、matplotlib(数据可视化库)、Pygame(游戏开发库)、OpenCV(计算机视觉库)、sklearn(机器学习库)等。开发者可以直接下载、安装和使用 Python 的第三方库,缩短开发周期,提高开发效率。

### 8. 格式规范

Python 采用强制缩进的方式来区分代码块,编写代码时,如果没有进行规范的缩进会导致程序产生错误而无法运行。清晰的程序结构能较好地体现代码的逻辑层次,使代码具有更好的可读性,让程序员养成良好的编程习惯。

## 1.1.3　Python 的应用领域

### 1. Web 开发

Python 提供了很多 Web 开发框架,可供程序员方便、快速地搭建网站,典型的 Python语言的 Web 框架有 Django、Web2py、Flask 等。很多大型网站是用 Python 开发的,如国外的 YouTube 视频网站、在线云存储网站 Dropbox、Instagram 社交平台官网等都是用Python 开发的,国内的豆瓣、知乎等公司的网站也都是通过 Python 开发实现的。

### 2. 科学计算和人工智能

Python 的第三方库给科学计算带来了极大的便利。例如,NumPy 库使 Python 支持多维数组和矩阵运算；Pandas 库可以进行数据清洗与分析处理,常用于金融和统计领域的数据分析处理；SciPy 库可以进行最优化、线性代数、积分、插值、特殊函数、快速傅里叶变换、信号处理和图像处理、常微分方程求解和其他科学与工程中常用的计算；matplotlib 库可以绘制丰富的可视化图表等。

在人工智能领域,Python 是非常受欢迎的语言之一。Python 的 sklearn 库集成了大量机器学习的算法,如支持向量机、朴素贝叶斯、决策树等算法,并且内置数据集用于模型训练。NLTK 库用于自然语言处理,可以进行词性标注、词形还原等操作。另外,TensorFlow、Caffe 等深度学习框架也是基于 Python 开发的。

**3. 网络爬虫**

Python 可以编写网络爬虫程序有针对性地爬取网络数据。例如,基于 Python 的网络爬虫框架 Scrapy,用户只需要编写少量的代码,就可以实现网页文字和图片等内容的爬取。另外,Beautiful Soup、Crawley 等框架也可以进行网络爬虫程序开发。

**4. 自动化运维**

使用 Python 编写自动化脚本,可以实现运维工作自动化,把运维人员从服务器的管理中解放出来,让运维工作变得简单、快速、准确。

**5. 云计算**

目前,云计算的发展使可弹性扩展的计算机资源成为一种非常方便的、安全可靠的技术产品,而 Python 是从事云计算工作需要掌握的一种编程语言。目前流行的云计算框架 OpenStack 是由 Python 开发的,如果想要深入学习云计算并进行二次开发,就需要具备 Python 程序设计的技能。

## 1.2　搭建 Python 开发环境

### 1.2.1　Python 的安装

Python 是跨平台的开发工具,可在 Windows、Linux 和 macOS 等主流操作系统上运行。Python 官网(详见前言二维码)上可以下载各个版本的 Python 安装包,并配套最新源码、二进制文档和新闻资讯。Python 2 版本已于 2020 年 1 月 1 日停止更新,下面介绍 Windows 操作系统下 Python 3.12.4 的安装方式。

（1）访问 Python 官网(见图 1-2),选择 Downloads→Windows→Download for Windows Python 3.12.4(因版本更新迭代,版本会有所不同,在此处会显示最新版本),下载最新版 64 位 Python 安装包。

（2）或者进入 Windows 页面之后(见图 1-3),可以选择各个版本的安装包,有 32bit(x86)和 64bit(x86-64)版本,一般选择 installer 版本或者 executable installer 版本即可。

（3）安装包下载完成之后,双击安装包,安装程序开始运行,安装界面如图 1-4 所示。

首先,确保在安装界面中 Add Python 3.12 to PATH 复选框已勾选。因为在勾选该复选框后,程序会自动将 Python 添加到环境变量中,否则需要手动配置。其中,第一个复选框是默认选中状态,不需要更改。

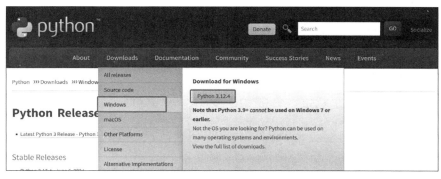

图 1-2 在 Python 官网下载 Windows 版本 Python

图 1-3 下载 32 位或者 64 位安装包

图 1-4 安装界面

然后，安装界面上有两种安装方式：第一，Install Now 是默认安装方式（推荐使用）；第二，Customize installation 是自定义安装方式，可以自定义安装路径。以默认快速安装方式为例，单击 Install Now 选项后，开始安装 Python，当出现如图 1-5 所示的界面时，说明 Python 已经安装成功。

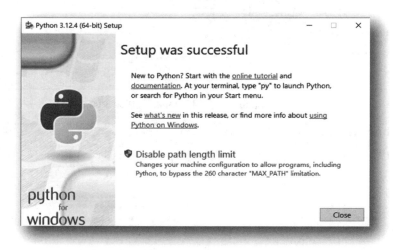

图 1-5　Python 安装成功界面

　　（4）打开计算机"开始"菜单，展开"开始"菜单中的 Python 3.12 菜单目录，如图 1-6 所示，其中 IDLE(Python 3.12 64-bit)是 Python 自带的集成开发环境，Python 3.12(64-bit)是交互式编程环境，单击该选项后即可进入 Python 交互式编程界面，如图 1-7 所示。而 Python 3.12 Manuals(64-bit)是 Python 官方文档，便于用户快速查阅 Python 语法等相关内容，Python 3.12 Module Docs(64-bit)可以用来查看当前环境中已安装模块的相关信息。

图 1-6　"开始"菜单中的 Python 3.12 菜单目录

图 1-7 Python 交互式编程界面

## 1.2.2 Python 程序的运行方式

使用 Python 编程有两种方式：交互式编程和文件式编程。交互式编程是解释器逐行对代码进行快速响应；文件式编程是先将程序全部写完保存在文件中后，再使用 Python 解释器一次性地解释执行。

### 1. 交互式编程

打开 Python 3.12 交互式编程界面即可进行交互式的编程，快速的响应方式方便 Python 学习者进行简单的程序编写和学习。编写代码时，在命令提示符>>>后输入代码，交互式编程示例如图 1-8 所示。每输入一行代码，按 Enter 键，即可输入下一行代码或者执行相应的代码。

图 1-8 交互式编程示例

### 2. 文件式编程

创建一个记事本文件并打开，首先在英文格式输入状态下，将需要运行的 Python 代码写入文件中，保存为 py 格式的 Python 文件，然后使用 Windows＋R 组合键打开运行框，输入 cmd，跳转到 Python 文件所在路径。输入命令 python hello.py（注意：后缀名 py 不能省略），运行结果如图 1-9 所示。

图 1-9 文件式编程

可以使用 cd 命令将当前路径切换到需要运行的 Python 文件路径，如"cd C:\test"。然后，按 Enter 键后，在命令提示符(＞)后输入命令，如 python hello.py，即可运行文件中的程序。另外，直接使用绝对路径，如"python C:\test\hello.py"，也可以直接运行文件。文件式编程要注意文件的存储路径要书写正确，特别是后缀名 py 不能省略。

## 1.3 集成开发环境

Python 解释器安装完成后，在进行 Python 学习和实际项目开发时，往往需要进行大量的代码调试与版本迭代等工作，所以需要用到集成开发环境（Integrated Development Environment，IDE）。IDE 会提供各种功能丰富的插件以实现代码调试、高亮显示、智能提示和代码补全等功能，以提高开发者的编程效率。常用的 Python IDE 有 PyCharm、Eclipse+PyDev、Visual Studio、Sublime Text、Vim 等。本节选择的 IDE 是 PyCharm，接下来介绍 Windows 操作系统下 PyCharm 的安装和使用。

### 1.3.1 PyCharm 的下载与安装

（1）在浏览器中搜索 PyCharm 官网，进入 PyCharm 的官网下载界面，如图 1-10 所示。

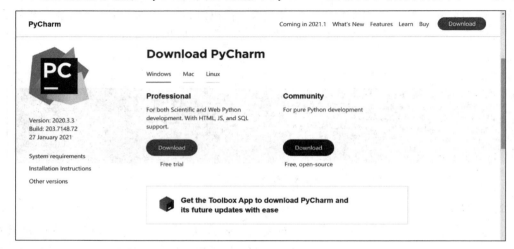

图 1-10　PyCharm 官网下载界面

图 1-10 中对应 PyCharm 的两种版本：专业版本（Professional）和社区版本（Community）。

专业版本的特点：提供 Python IDE 的所有功能，支持 Web 开发；支持 Django、Flask、Google App 引擎、Pyramid 和 Web2py；支持 JavaScript、CoffeeScript、TypeScript、CSS 和 Cython 等；支持远程开发、Python 分析器、数据库和 SQL 语句。

社区版本的特点：是轻量级 Python IDE，只支持 Python 开发；免费、开源、集成 Apache 2 的许可证；智能编辑器、调试器、支持重构和错误检查，集成 VCS 版本控制。

（2）因为社区版本基本能够满足日常开发学习的需求，而且是免费的，所以选择下载 Windows 下的社区版本。安装包下载完成后，双击安装包进入 PyCharm 安装界面，如图 1-11 所示，单击 Next 按钮，进入选择安装路径界面，如图 1-12 所示。

（3）选择安装的路径，可以根据实际情况单击 Browse 按钮来选择安装路径，然后继续单击 Next 按钮，进入配置界面，如图 1-13 所示。

（4）配置界面中的内容保持默认设置不变，单击 Next 按钮，进入选择启动菜单界面如图 1-14 所示。

图 1-11　PyCharm 安装界面

图 1-12　选择安装路径界面

图 1-13　配置界面

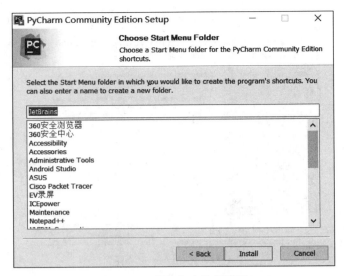

图 1-14 选择启动菜单界面

（5）单击 Install 按钮，进行 PyCharm 的安装，默认会在"开始"菜单中创建快捷方式。

（6）待进度条完成后，出现 Reboot now（立即重启）和 I want to manually reboot later（稍后重启）两个单选按钮。默认选第二个即可，然后单击 Finish 按钮，如图 1-15 所示。

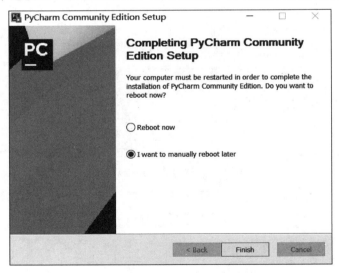

图 1-15 完成安装

### 1.3.2 PyCharm 的使用

（1）PyCharm 安装完成后，桌面会出现 PyCharm 的快捷方式图标，双击图标，进入用户协议界面，如图 1-16 所示。勾选同意用户协议的复选框后，Continue 按钮会从灰色变为亮色，单击 Continue 按钮，进入数据共享界面，如图 1-17 所示。

（2）在数据共享界面单击 Don't Send 按钮，进入 PyCharm UI 自定义界面，如图 1-18所示。

图 1-16　用户协议界面

图 1-17　数据共享界面

（3）在 PyCharm UI 自定义界面中默认背景设置为 Darcula，可以调整为 Light，其余保持默认设置。单击 Skip Remaining and Set Defaults 按钮，进入 PyCharm 的欢迎界面，如图 1-19 所示。

（4）欢迎界面中有以下三个选项。

① New Project：创建新的项目。

② Open：打开已经创建好的项目。

③ Get from VCS：获取版本控制中的项目。

单击 New Project 按钮创建一个新的项目，进入项目文件夹命名界面，如图 1-20 所示。

（5）设置项目的存储路径，并给项目命名，如 study。设置完成后，单击右下角 Create 按钮，进入 PyCharm 工作界面，如图 1-21 所示。

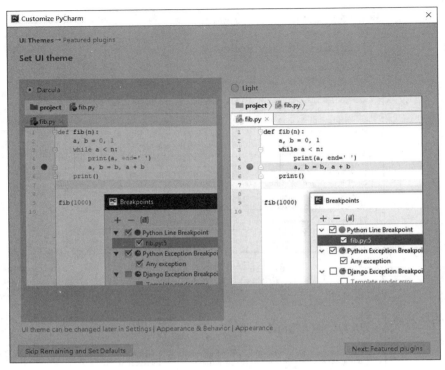

图 1-18　PyCharm UI 自定义界面

图 1-19　PyCharm 欢迎界面

图 1-20　项目文件夹命名界面

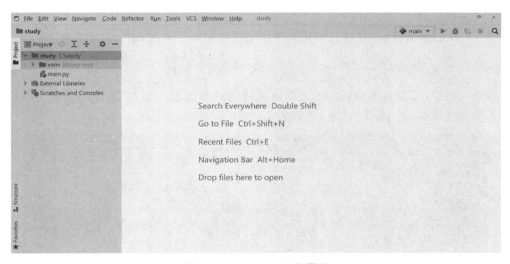

图 1-21　PyCharm 工作界面

（6）项目创建好后,项目文件夹会出现在 PyCharm 工作界面左侧导航栏的第一行(见图 1-21)。

接下来,需要在项目文件夹中创建新的 Python 源文件。右击左侧导航栏中的项目文件夹 study,在弹出的菜单栏中选择 New→Python File 选项,如图 1-22 所示。

（7）桌面会出现一个弹窗,在输入框中设置 Python 源文件的名称,如 Hello,然后按 Enter 键,则文件创建完成,如图 1-23 所示。

**图1-22　创建新的 Python 文件**

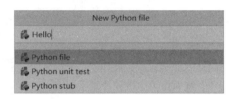

**图1-23　Python 文件命名**

（8）文件创建完成后，界面右侧是程序编写的编辑区。例如，输入以下代码：

```python
print("Hello Python!!!")
```

写完代码后，可以右击编辑区的空白区域或者在导航栏中右击 Hello.py 源文件，在弹出的菜单中选择 Run 'Hello' 选项，运行程序，如图1-24所示。

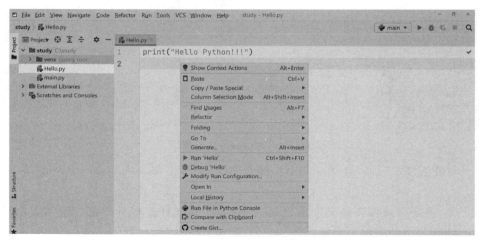

**图1-24　运行 Python 程序**

程序的运行结果会在导航栏和编辑区下方显示,如图 1-25 所示。

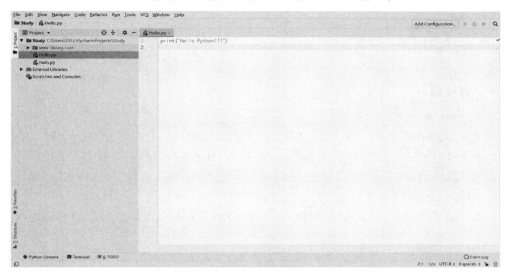

图 1-25 程序的运行结果

## 1.4 实训案例

视频讲解

使用 PyCharm 输入"I love Python!",并输出"I love Python!"。

**1. 案例的实现思路**

利用输入函数 input() 和输出函数 print() 完成。

**2. 案例参考代码**

```
x = input()
print(x)
```

运行结果如图 1-26 所示。

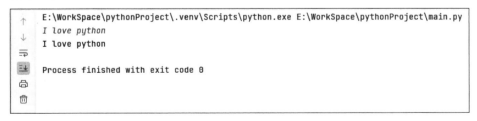

图 1-26 运行结果

## 本章小结

本章首先介绍了 Python 语言的发展、特点和应用领域,然后对搭建 Python 开发环境和集成开发环境进行了详尽的讲解,主要包括 Python 的安装和运行方式及 PyCharm 的下载、安装和使用，最后结合一个实际应用程序的开发示例，展示了 Python 的代码风格和后续需要学习的各类语法知识点。

## 习题

### 一、选择题

1. Python 程序的扩展名是(　　)。
   A. .python　　　　B. .p　　　　　C. .py　　　　　D. .pyth
2. 安装好 Python 之后，可以有多种方式运行，下列不属于其可行运行方式的是(　　)。
   A. 浏览器中运行　　B. 交互式解释器　　C. 命令行脚本　　D. PyCharm
3. Python 源程序执行的方式是(　　)。
   A. 编译执行　　　　B. 解析执行　　　　C. 直接执行　　　D. 边编译边执行
4. Python 源程序执行的方式是(　　)。
   A. 编译执行　　　　B. 解析执行　　　　C. 直接执行　　　D. 边编译边执行

### 二、简答题

1. 简述 Python 语言的特点。
2. 列举三种以上 Python 语言的应用领域。

### 三、编程题

1. 用 Python 输出如下内容：

```
***********************************
            祝大家国庆节快乐
***********************************
```

2. 用 Python 输出如下图形：

```
            *
          * ** *
        * * ** * *
      * ** * * ** * * *
```

案例导读

# 第 2 章

# Python基础

## 学习目标

➤ 了解 Python 的编程风格，并熟练运用。

➤ 了解 Python 中的变量和数据类型。

➤ 掌握 Python 中标识符的命名规范。

➤ 了解 Python 中的关键字。

➤ 理解 Python 中数据的输入、输出函数。

➤ 掌握不同运算符的作用，会进行不同类型的数据运算。

本章主要讲解 Python 的基础语法知识，包括变量、数据类型、运算符、数据类型转换等。需非常熟练地掌握本章内容，为学习 Python 的其他知识做好充分的准备。

## 2.1 程序风格

Python 是一门优雅的程序设计语言，它的代码定义清晰，阅读一个良好的 Python 程序就感觉像是在读英语一样。Python 同其他的程序设计语言一样，具有自己独树一帜的程序风格。

### 2.1.1 缩进

Python 最具特色的代码风格是使用缩进来区分代码块，不需要使用大括号{}进行区分，而且是强制缩进，掌握不当会导致程序异常。缩进的空格数是可变的，但是同一个代码块的语句必须包含相同的缩进空格数，代码如例 2-1 所示。

【例 2-1】 程序缩进代码示例。

```
x = 10
if x > 0:
    y = x * x
    print(x, "大于或等于 0", "y = ", y)
elif x < 0:
    y = x - 1
    print(x, "小于 0", "y = ", y)
else:
    y = 0
    print(x, "等于 0", "y = ", y)
```

如果同一个代码块的语句缩进空格数不一致，会导致程序运行错误。例如，例 2-2 中代码最后一行语句缩进的空格数不一致，编译会出现语法错误。

【例 2-2】 错误的程序缩进代码示例。

```
a = 10
if a % 2 == 0:
    print(a)
    print("是偶数")
else:
    print(a)
  print("是奇数")                          # 缩进不一致,会导致运行错误
```

例 2-2 所示程序代码的语句缩进不一致，执行后会出现以下错误，即缩进异常，异常信息如下：

```
IndentationError:unindent does not match any outer indentation level
```

### 2.1.2 注释

Python 的代码注释的主要作用是对代码进行解释说明，注释的内容可以放在代码前面、后面或右侧，当然也可以直接注释不想执行的代码。注释的方法有两种：单行注释和多行注释。

（1）单行注释以 # 开头，代码如例 2-3 所示。

【例 2-3】　单行注释代码示例。

```
# 这是第一个注释
print("Python comment!")                    # 这是第二个注释
```

（2）多行注释有以下三种方法。

① 多个#号实现多行注释。

② 三重单引号('''）实现多行注释。

③ 三重双引号("""）实现多行注释。

代码如例 2-4 所示。

【例 2-4】　多行注释代码示例。

```
# 第一种使用#多行注释
# 第一种使用#多行注释

'''
第二种三重单引号实现多行注释
第二种三重单引号实现多行注释
'''

"""
第三种三重双引号实现多行注释
第三种三重双引号实现多行注释
"""
print("Python comment!")
```

**多学一招**：在 PyCharm 开发环境中，可以使用 Ctrl＋/组合键，直接将多行选择的内容，进行注释，再次使用 Ctrl＋/组合键可取消注释。

### 2.1.3　语句换行

Python 通常是一行写完一条语句，但如果语句很长，可以使用反斜杠(\)实现多行语句，代码如例 2-5 所示。

【例 2-5】　一条语句多行显示的代码示例。

```
var_total = var_one + \
    var_two + \
    var_three
```

在[]、{}或()中的多行语句，不需要使用反斜杠(\)，代码示例如下：

```
var_total = ['element_one', 'element _two', 'element _three',
    'element _four', 'element _five']
```

## 2.2　变量与数据类型

### 2.2.1　标识符和关键字

#### 1. 标识符

简单地理解，标识符是一个名字，就好像每个人都有属于自己的名字，它的主要作用是作为变量、函数、类、模块以及其他对象的名称。

Python中标识符的命名不是随意的，而是要遵守一定的语法规则。需要遵守的语法规则如下。

（1）标识符由字母（A～Z和a～z）、下画线和数字组成。

（2）标识符不能以数字开头，只能由字符或下画线开头。

（3）不能用Python中的关键字作为标识符。

（4）Python中的标识符区分大小写。

标识符的命名，除了要遵守以上规则外，不同场景中的标识符，其名称也有一定的规范可循，例如：

（1）在命名标识符时要尽量做到见名知义，提高代码的可读性。

（2）当标识符用作模块名时，应尽量短小，并且全部使用小写字母，可以使用下画线分割多个字母，如game_mian、game_register等。

（3）当标识符用作类名时，应采用英文单词首字母大写（大驼峰命名）的形式。例如，定义一个图书类，可以命名为Book。

（4）模块内部的类名，可以采用"下画线+英文单词首字母大写"的形式，如_Book。

（5）函数名、变量名、类中的属性名和方法名，应全部使用小写字母，多个英文单词间可以用下画线分隔，如name、age、get_score等。

### 2. 关键字

关键字是指Python中已经被赋予特定意义的英文单词，又称为保留字。开发者在开发程序时，不能用关键字作为标识符给变量、函数、类、模块以及其他对象命名。Python中的关键字如表2-1所示。

表2-1　Python中的关键字

| and | as | assert | break | class | continue |
|-----|-----|--------|--------|--------|----------|
| def | del | elif | else | except | finally |
| for | from | False | global | if | import |
| in | is | lambda | nonlocal | not | None |
| or | pass | raise | return | try | True |
| while | with | yield | await | async | |

需要注意的是，由于Python是严格区分大小写的，关键字也不例外。所以，可以说if是关键字，但IF就不是关键字。

Python包含的关键字可以执行如下命令进行查看。

```
>>> import keyword
>>> keyword.kwlist
['False', 'None', 'True', 'and', 'as', 'assert', 'async', 'await', 'break', 'class', 'continue', 'def', 'del',
'elif', 'else', 'except', 'finally', 'for', 'from', 'global', 'if', 'import', 'in', 'is', 'lambda',
'nonlocal', 'not', 'or', 'pass', 'raise', 'return', 'try', 'while', 'with', 'yield']
```

## 2.2.2　数据类型

变量指存储数据的内存地址标识符，这意味着在创建变量时会在内存中开辟一个空间。基于变量的数据类型，解释器会分配指定内存，并决定什么类型的数据可以被存储在内存中。因此，变量可以指定不同的数据类型，这些变量可以存储整数、小数或字符串等。

在内存中存储的数据可以有多种类型。例如，一个人的年龄可以用数字类型存储，他的名字可以用字符串类型存储。Python 定义了标准数据类型，用于存储各种类型的数据。Python 3 的 6 个标准数据类型如表 2-2 所示。

表 2-2　Python 3 的 6 个标准数据类型

| 数据类型 | 名　称 | 数据类型 | 名　称 |
| --- | --- | --- | --- |
| Number | 数字类型 | Tuple | 元组类型 |
| String | 字符串类型 | Dictionary | 字典类型 |
| List | 列表类型 | Set | 集合类型 |

### 1. 数字类型

数字类型（Number）用于存储数值。它是不可改变的数据类型，这意味着改变数字类型会分配一个新的对象。当指定一个值时，数字类型的对象就会被创建，代码示例如下：

```
var1 = 1
var2 = 10
```

Python 支持不同的数字类型，如整型、浮点型等，在 2.4 节将进行详细介绍。

### 2. 字符串类型

字符串类型（String）是由数字、字母、下画线和各种语言符号等组成的一串字符，是Python 中用来表示文本的数据类型。

可以使用引号，如单引号（' '）或双引号（""），来创建字符串，代码如下：

```
name = 'Jack'
address = "湖北省武汉市江汉路步行街 007 号"
```

### 3. 列表类型

列表类型（List）是 Python 中使用最频繁的数据类型，它可以完成大多数集合类的数据结构。它的元素可以是数字、字符串，甚至可以包含列表（列表嵌套）等元素。

列表类型是一种序列形式的数据结构，序列中的每个元素都被分配一个索引，第一个索引是 0，第二个索引是 1，以此类推，每个索引对应一个元素。字符串类型、列表类型、元组类型等都是属于序列形式的数据结构。

列表类型用 [ ] 标识，列表类型中值的分隔可以用到变量，如 [头下标：尾下标]，可以截取相应的列表元素，索引从左到右默认从 0 开始的，索引从右到左默认从 −1 开始，下标可以为空，表示取到头或尾，代码如例 2-6 所示。

【例 2-6】　列表索引值操作的代码示例。

```
list = [ 'Python', 786 , 2.23, 'john', 70.2 ]
tinylist = [123, 'john']
print(list)                # 输出完整列表
print(list[0])             # 输出列表的第一个元素
print(list[1:3])           # 输出第二个至第三个元素
print(list[2:])            # 输出从第三个开始至列表末尾的所有元素
```

输出结果如下：

```
['Python', 786, 2.23, 'john', 70.2]
Python
```

```
[786, 2.23]
[2.23, 'john', 70.2]
```

**注意**：列表的截取[头下标：尾下标]，可以取到头下标对应的元素，取不到尾下标对应的元素，如 list[1:3]，输出的是索引为 1 至索引为 2 的元素，取不到索引为 3 的元素。

### 4. 元组类型

元组类型（Tuple）是另一个数据类型，类似于列表类型，元组类型用()标识，内部元素用逗号隔开。

元组类型是一种不可变序列，即创建之后不能再做任何修改，相当于只读列表类型。元组类型由不同的元素组成，可以存储不同类型的数据，如数字、字符串，甚至元组和列表等。元组类型通常代表一行数据，而元组类型中的元素代表不同的数据项，代码如例 2-7 所示。

**【例 2-7】** 元组类型操作的代码示例。

```
tuple_test = ('Python', 786 , 2.23, 'john', 70.2)
tinytuple = (123, 'john')


print(tuple_test)          # 输出完整元组
print(tuple_test[0])       # 输出元组的第一个元素
print(tuple[1:3])          # 输出第二个至第四个(不包含)元素
print(tuple[2:])           # 输出从第三个开始至列表末尾的所有元素
```

输出结果如下：

```
('Python', 786, 2.23, 'john', 70.2)
Python
(786, 2.23)
(2.23, 'john', 70.2)
```

以下的元组操作是无效的，因为元组类型是不允许修改的，而列表类型是允许修改的。

```
tuple = ('runoob', 786 , 2.23, 'john', 70.2)
tuple[2] = 1000            # 不允许对元组中的元素进行修改
```

### 5. 字典类型

字典类型（Dictionary）是除列表类型以外 Python 中最灵活的内置数据结构类型。列表类型是有序的对象集合，字典类型是无序的对象集合。两者之间的区别在于：字典类型中的值是通过键来存取的，而不是通过索引存取。

字典类型用{}标识。字典类型的元素都是由键（key）和它对应的值（value）组成的一个键值对，代码如例 2-8 所示。

**【例 2-8】** 字典类型操作的代码示例。

```
dict_test = {'name': 'Python','code':123, 'dept': 'sales'}
print(dict_test)           # 输出完整的字典类型
print(dict_test['name'])   # 查找并输出 name 键所对应的值
```

输出结果如下：

```
{'name': 'Python','code':123, 'dept': 'sales'}
Python
```

**6. 集合类型**

集合类型(Set)是由数字、字符串和元组类型的数据组成的,构成集合的事物或对象被称作元素或成员。

基本功能是进行成员关系测试和删除重复元素。

可以使用{}或 set()函数创建集合,注意:创建一个空集合必须用 set()函数而不能用{},因为{}创建的是一个空字典类型,代码如例 2-9 所示。

**【例 2-9】** 集合类型操作的代码示例。

```
Set = {123, "Python", 23.4, "life"}
print(Set)
```

输出结果如下:

```
{'life', 123, 'Python', 23.4}              # 元素之间是无序的
```

## 2.2.3　变量

Python 中变量的创建与赋值不需要类型声明,每个变量在内存中创建,包括变量的标识、名称和数据等信息。每个变量在使用前都必须被赋值,变量赋值以后该变量才会被创建。等号运算符用来给变量赋值,等号运算符左边是一个变量名,右边是存储在变量中的值。

在 Python 中,不仅可以给单个变量赋不同类型的值,而且可以同时给不同变量赋予同一个值,还可以同时给不同的变量赋予不同类型的值,而最后一种赋值方式是其他语言中没有的,可以大大地简化变量初始化过程。不同赋值方式代码如例 2-10 所示。

**【例 2-10】** 变量赋值代码示例。

```
# 创建不同类型的数据
x = 1                                    # 创建整数类型数据
string = "One world, One Dream"          # 创建字符串类型数据
List = [3, "life", 34.5]                 # 创建列表类型数据
# 使用"="给不同变量赋同一个值
x = y = z = 1

# 使用"="给不同变量赋不同类型的值
num, List, String = 3, [3, 4, 7], "life"
```

## 2.3　数字类型

### 2.3.1　整型(int)

Python 可以处理任意整数,包括负整数,在程序中的表示方法和数学上的写法一样,如1、100、−8080、0 等。

在 Python 2 中，整数的大小是有限制的，即当数字超过一定的范围则不再是整型(int)，而是长整型(long)。而在 Python 3 中，无论整数的大小，统称为整型(int)，且整型存储字节数是动态变化的。日常开发过程中，无论多大的整数，Python 都能够非常方便地进行存储处理。

### 2.3.2　浮点型（float）

浮点数也就是小数，之所以被称为浮点数，是因为按照科学记数法表示时，浮点数的小数点位置是可变的，如 1.23 * 10^9 和 12.3 * 10^8 是完全相等的。浮点数可以用数学写法，如 1.23、3.14、−9.01 等。但是对于很大或很小的浮点数，必须用科学记数法表示，10 用 e 或 E 替代，如 1.23 * 10^9 可表示为 1.23e9、1.23E9，12.3 * 10^8 可表示为 12.3e8、12.3E8，而 0.000012 可以写成 1.2e−5 或 1.2E−5 等。

使用科学记数法时，需要注意两个问题：第一，e 或 E 前面的数字不能省略；第二，e 或 E 后面的指数不能省略，也不能是小数。例如，e5、12e、1.23e1.3 都是不合法的数据。

### 2.3.3　布尔型（bool）

布尔型的数据只有两种值，即 True 和 False，这两个值也是 Python 的关键字，所以字母包括大小写必须一致，并且在进行运算时，True 相当于整数 1，而 False 相当于整数 0。每个 Python 对象都具有布尔属性(True 或 False)，可用于布尔测试(如用在 if、while 的条件中)。对于布尔属性是 True 的对象太多了，只需要记住布尔属性为 False 的对象有哪些就可以快速判断数据的布尔属性。

以下对象的布尔属性为 False。

(1) None(关键字代表空)。

(2) False(布尔型)。

(3) 0(整型 0)。

(4) 0.0(浮点型 0)。

(5) 0.0+0.0j(复数 0)。

(6) 空数据(空字符串、空列表、空字典、空元组)。

除以上对象布尔属性为 False 外，其他对象的布尔属性都为 True。在开发环境中想要验证对象的布尔属性，可以使用 bool()函数验证，代码如例 2-11 所示。

【例 2-11】　布尔型对象演示代码示例。

```
# 布尔值参加运算
x = 2 * 3 + 4 - True
y = 3 * False + 3 * 4
print(x, y)

# 验证对象的布尔属性
print(bool(0), bool(34.5), bool(-23), bool("abc"), bool([]))
```

输出结果如下：

```
9 12
False True True True False
```

### 2.3.4　复数型(**complex**)

复数型用于表示数学中的复数,形如 $z=a+bj(a,b$ 均为实数)的数称为复数,其中 a 是实数部分,b 是虚数部分,j 或 J 为虚数单位。如 $1+2j$、$5+1.2j$、$-2-4J$ 都是复数。在科学研究和数据分析处理方面涉及得比较多,而在日常开发中此类数据应用相对较少。

## 2.4　数据的输入与输出

### 2.4.1　数据的输入

Python 3 提供了 input()函数来接收用户从键盘的输入,input()函数将所有输入都作为字符串类型来处理。需要格外注意的是,用 input()接收一个数字,也会存储成字符串类型,代码如例 2-12 所示。

**【例 2-12】**　input()接收数据代码示例。

```
num = input("请输入一个整数:")
print(type(num))
```

输出结果如下:

```
请输入一个整数:2018
< class 'str'>
```

type()函数用来判断数据的类型,可知 2018 为字符串类型的数据。但是在实际使用中需要各种类型的数据,例如整型,最简单的方式是用 int()函数来转换,代码如例 2-13 所示。

**【例 2-13】**　int()函数类型转换代码示例。

```
num = int(input("请输入一个整数:"))
print(type(num))
```

输出结果如下:

```
请输入一个整数:2018
< class 'int'>
```

此时得到的 2018 为 int 整型数据。

### 2.4.2　数据的输出

print()函数是 Python 3 中的内置函数,功能是打印输出各种类型的数据。print()函数的语法如下:

```
print( * objects, sep = ' ', end = '\n', file = sys.stdout, flush = False)
```

其中的参数作用如下。

objects:表示输出的对象,可以一次输出多个对象。输出多个对象时,需要用逗号分隔。

sep: 指定间隔符, 用来间隔多个输出对象, 默认值是一个空格。

end: 用来指定输出所有数据之后添加的符号。默认值是换行符 "\n", 也可以换成其他符号。

file: 要写入的文件对象。

flush: 输出是否被缓存通常取决于 file 关键字, 如果 flush 关键字参数为 True, 就会被强制刷新。

另外, print() 函数没有返回值。

(1) 输出字符串, 字符串类型可以使用双引号标注, 代码如例 2-14 所示。

【例 2-14】 print() 函数输出字符串代码示例。

```
print("Hello World")
print("Hello Python")
```

输出结果如下:

```
Hello World
Hello Python
```

(2) 数字类型可以直接输出, 如果是包含运算符的表达式则输出结果, 代码如例 2-15 所示。

【例 2-15】 print() 函数输出数字或者表达式代码示例。

```
print(255)
print(1 + 3 * 8/4)
```

输出结果如下:

```
255
7.0
```

(3) 可以一次输出多个对象, 对象之间用逗号分隔, 代码如例 2-16 所示。

【例 2-16】 print() 函数输出多个数据代码示例。

```
a = 1
b = "Hello World"
print(a, b)
```

输出结果如下:

```
1 Hello World
```

(4) 用 sep 参数设置间隔符, 代码如例 2-17 所示。

【例 2-17】 print() 函数 sep 参数设置代码示例。

```
print("www", "Python", "com")                # sep 参数默认值是空格
print("www", "Python", "com", sep = ".")
```

输出结果如下:

```
www.Python.com
www.Python.com
```

（5）格式化输出数据。例如,格式化输出浮点数,代码如例 2-18 所示。

【例 2-18】 格式化输出代码示例。

```
pi = 3.141592653
print('%5.3f' % pi)
```

输出结果如下:

```
3.142
```

变量 pi 中的数据被格式化输出,输出的数据被控制为 5 个空格大小的宽度,输出的数据保留 3 位小数。详细的字符串格式化将在第 3 章进行详细介绍。

## 2.5  运算符

### 2.5.1  算术运算符

算术运算符是完成基本算术运算(Arithmetic Operators)的符号,用来处理四则运算的符号,是最简单、最常用的符号,尤其是数字的处理,几乎都会使用到算术运算符。除数学常用的加、减、乘、除运算之外,Python 的算术运算符还有求余、取整除和幂运算。算术运算符如表 2-3 所示。

表 2-3  算术运算符

| 运　算　符 | 描　　述 | 示例(a=10,b=15) |
|---|---|---|
| + | 加法运算:两个对象相加 | a+b 输出结果:25 |
| - | 减法运算:得到负数或是一个数减去另一个数 | a-b 输出结果:-5 |
| * | 乘法运算:两个数相乘或是返回一个被重复若干次的字符串 | a * b 输出结果:150 |
| / | 除法运算:x 除以 y,除法运算结果都是浮点数 | b/a 输出结果:1.5 |
| % | 取余运算:返回除法的余数 | b%a 输出结果:5 |
| ** | 幂运算:返回 x 的 y 次幂 | a ** b 输出结果:1000000000000000 (10 的 15 次方) |
| // | 取整除运算:返回商的整数部分(向下取整) | 9//2=4,-9//2=-5 |

除法运算要格外注意,Python 中所有的除法都是小数除法,换句话说,不管除数能不能整除被除数,结果都是小数。例如,8/4 结果不是整型的 2,而是浮点型的 2.0。

另外,取整除运算规则中的向下取整,意思是,先对两个数进行除法运算,对于结果商,要取一个小于它并且最接近它的整数。如表 2-4 所示,9//2 的结果是 4,因为 9/2 的结果是 4.5,取一个小于 4.5 且最接近 4.5 的整数便是 4;-9//2 的结果是 -5,因为 -9/2 结果是 -4.5,取一个小于 -4.5 且最接近 -4.5 的整数便是 -5。

算术运算符的优先级分为三个等级,优先级最高的是幂运算(**),其次是乘法(*)、除法(/)、取余运算(%)和取整除运算(//),最后是加法(+)、减法(-)。在运算时要注意优先级,避免计算错误。代码如例 2-19 所示。

【例 2-19】 算术运算符运算代码示例。

```
result1 = 3 * 2 ** 2/5 - 8
result2 = 13//2/3/2 * 5 + 5 % 3
print(result1, result2)
```

输出结果如下:

```
- 5.6 7.0
```

计算 result1 的值时,第一步,幂运算优先级最高,所以先计算 $2**2$,表达式变成 $3*4/5-8$;第二步,乘、除法优先级一样,所以从左往后先乘后除,因为除法运算结果都是浮点数,所以表达式变 $2.4-8$;第三步,减法运算,所以最终结果为 $-5.6$。

同理,计算 result2 的值时,取整除、乘和除优先级一致,所以从左往右运算,第一步 $13//2$ 得 6;第二步除以 3,得 2.0;第三步除以 2,得 1.0;第四步乘以 5,得 5.0;第五步计算 $5\%3$,得 2;表达式变为 $5.0+2$,所以最终结果为 7.0。其中,因为结果是整数加上浮点数,所以自动转换为了浮点型。

### 2.5.2 赋值运算符

赋值运算符是用来把右侧的值赋给左侧的变量的,可以直接将右侧的值赋给左侧的变量,也可以是表达式的运算结果赋给左侧的变量,如算术、逻辑运算表达式或有返回值的函数调用等。

Python 中最常见、最基本的赋值运算符是等号(=),=结合其他运算符可以组成复合赋值运算符,如+=、-=等。在使用复合赋值运算符时要能正确地进行运算,各种赋值运算符如表 2-4 所示。

表 2-4　赋值运算符

| 运 算 符 | 描 述 | 示 例 |
|---|---|---|
| = | 简单的赋值运算符 | a=b 将 b 的值赋给 a |
| += | 加法赋值运算符 | a+=b 等效于 a=a+b |
| -= | 减法赋值运算符 | a-=b 等效于 a=a-b |
| *= | 乘法赋值运算符 | a*=b 等效于 a=a*b |
| /= | 除法赋值运算符 | a/=b 等效于 a=a/b |
| %= | 取余赋值运算符 | a%=b 等效于 a=a%b |
| **= | 幂赋值运算符 | a**=b 等效于 a=a**b |
| //= | 取整除赋值运算符 | a//=b 等效于 a=a//b |

在使用复合赋值运算符前,要保证运算符左侧变量必须有初始值。a+=3 等效于 a=a+3,且 a 必须有初始值,否则无法进行运算。另外,如果右侧是表达式,展开计算时要先计算右侧表达式,例如,a*=a+3 等效于 a=a*(a+3),如果没加上括号有可能导致结果计算有误,代码如例 2-20 所示。

**【例 2-20】** 赋值运算符运算代码示例。

```
x, y, z = 4, 0, 6
y += x
z * = x + y          # 等效于 z = z*(x+y)
print(x, y, z)
```

输出结果如下：

```
4 4 48
```

### 2.5.3 比较运算符

比较运算符也称为关系运算符,用于对常量、变量或表达式的结果进行大小比较。如果这种比较是成立的,则返回 True(真),反之则返回 False(假)。比较运算符如表 2-5 所示。

表 2-5 比较运算符

| 运　算　符 | 描　　　述 | 示　　　例 |
|---|---|---|
| == | 等于：比较对象是否相等 | a==b 的值：False |
| != | 不等于：比较两个对象是否不相等 | a!=b 的值：True |
| > | 大于：返回 x 是否大于 y | a>b 的值：False |
| < | 小于：返回 x 是否小于 y | a<b 的值：True |
| >= | 大于或等于：返回 x 是否大于或等于 y | a>=b 的值：False |
| <= | 小于或等于：返回 x 是否小于或等于 y | a<=b 的值：True |

比较运算符构成的表达式,不管多复杂,表达式的结果只会有两种值：True 和 False。所以比较表达式经常作为选择结构或循环结构中的条件,来控制结构语句的执行与否,代码如例 2-21 所示。

**【例 2-21】** 比较运算符运算代码示例。

```
a = eval(input("请输入一个数字:"))
if a >= 0:        # a 大于或等于 0 时,表达式值为 True,表达式成立,执行 if 分支
    print(a)
else:             # a 小于 0 时,a>=0 的值为 False,表达式不成立,执行 else 分支
    print(-a)
```

输出结果如下：

```
请输入一个数字:-19
19
```

### 2.5.4 逻辑运算符

在数学的逻辑运算中,若 p 为真命题,q 为假命题,那么"p 且 q"为假、"p 或 q"为真、"非 q"为真。Python 也有类似的逻辑运算,逻辑运算符如表 2-6 所示。

表 2-6　逻辑运算符

| 运　算　符 | 逻辑表达式 | 描　　述 | 示例(x=10,y=20) |
|---|---|---|---|
| and | x and y | "与"运算：如果 x 的布尔属性为 False,表达式返回 x 的值,否则返回 y 的值 | (x and y) 返回 20 |
| or | x or y | "或"运算：如果 x 的布尔属性为 True,表达式返回 x 的值,否则返回 y 的值 | (x or y) 返回 10 |
| not | not x | "非"运算：如果 x 的布尔属性为 True,返回 False。如果 x 的布尔属性为 False,它返回 True | not x 返回 False |

逻辑运算符的优先级分为三个等级,优先级最高的是逻辑非(not)运算,其次是逻辑与(and)运算,最后是逻辑或(or)运算。在运算时要注意运算次序。

逻辑表达式的结果分为两类,一类是 and 和 or 运算,会返回 x 或者 y 的值,这里的 x 和 y 可以是数值,也可以是表达式;另一类是 not 运算,只返回 True 和 False,代码如例 2-22 所示。

【例 2-22】　逻辑运算符运算代码示例。

```
print(23 and -78, [] and "python", "life" and False, 0 and 34.5)
print(23 or -78, [] or "python", "life" or False, 0 or 34.5)
print(not 0, not "0", not [1, 3])
print(3 * 2 - 5 and 5/2 + 1, 2 ** 2 - 3 or 3 * 2/4 and 8//3, not 3 * 4 - 5)
```

输出结果如下:

```
-78      []       False    0
23       python   life     34.5
True     False    False
3.5      1        False
```

例 2-22 中的 and 运算表达式,23 and -78,23 布尔属性是 True,所以返回-78;[] and "python",[]布尔属性是 False,所以直接返回[]。后面的计算同理。

例 2-22 中的 or 运算表达式,23 or -78,23 布尔属性是 True,所以直接返回 23;[] or "python",[]布尔属性是 False,所以返回"python"。后面的计算同理。

例 2-22 中的 not 运算表达式,0 的布尔属性是 False,所以 not 0 结果是 True;因为"0"代表字符串含有一个 0 字符,是非空字符串,所以字符串"0"的布尔属性是 True,not "0"结果是 False;[1,3]是非空列表,布尔属性是 True,所以 not [1,3]结果是 False。

表达式 3 * 2-5 and 5/2+1,and 运算优先级最低,所以先算两侧表达式的值,相当于表达式为 1 and 3.5,所以结果是 3.5。

表达式 2 ** 2-3 or 3 * 2/4 and 8//3,算术运算符优先级高于逻辑与,逻辑与高于逻辑或,所以先算 or 左右两侧表达式,左侧值为 1,右侧表达式是 1.5 and 2,结果是 2,最后表达式等价于 1 or 2,所以结果是 1。因为左侧值为 1,根据逻辑或(or)的运算规则,此时右侧已不用计算,可直接得出结果为 1。

表达式 not 3 * 4-5 先计算 3 * 4-5,结果是 7,而 7 的布尔属性为 True,所以 not 7 结果是 False。

### 2.5.5　按位运算符

Python 按位运算符把数字看作二进制进行计算。Python 中的按位运算符如表 2-7 所示。

表 2-7 按位运算符

| 运 算 符 | 描 述 | 示例(a=62,b=15) |
|---|---|---|
| & | 按位与:两个运算数的对应二进制位都为 1,则该位的结果为 1,否则为 0 | a&b 输出结果 14。<br>二进制值:00001110 |
| \| | 按位或:两个运算数的对应二进制位有一个为 1 时,则该位的结果为 1,否则为 0 | a\|b 输出结果 63。<br>二进制值:00111111 |
| ^ | 按位异或:当两个运算数的对应二进制位相异时,结果为 1 | a^b 输出结果 49。<br>二进制值:00110001 |
| ~ | 按位取反:对运算数的每个二进制位取反,即把 1 变为 0,把 0 变为 1 | ~a 输出结果-63。<br>二进制值:10111111 |
| << | 按位左移:运算数的二进制位全部左移若干位 | a<<2 输出结果 248。<br>二进制值:11111000 |
| >> | 按位右移:运算数的二进制位全部右移若干位 | a>>2 输出结果 15。<br>二进制值:00001111 |

按位运算符只能进行整数之间的运算,如果两侧是其他类型的数据,则无法计算,会报错,使用时需要注意。按位运算的优先级最高的是按位取反,然后是按位左移和按位右移,最后依次是按位与、按位异或和按位或。表达式的值是按位运算后的十进制数。

在按位运算中,运用按位异或的运算可将两个整数的数据进行交换,代码如例 2-23 所示。

【例 2-23】 按位运算符运算代码示例。

```
a,b = 60, 13
# format 格式控制第 3 章会详细阐述
# :08b 代表输出格式是 8 位二进制数,不够 8 位的在空格处填充数字 0
print("a = {:08b}, b = {:08b}".format(a, b))
a = a ^ b
print("a = {:08b}, b = {:08b}".format(a, b))
b = a ^ b
print("a = {:08b}, b = {:08b}".format(a, b))
a = a ^ b
print("a = {:08b}, b = {:08b}".format(a, b))
print(a, b)
```

输出结果如下:

```
a = 00111100, b = 00001101
a = 00110001, b = 00001101
a = 00110001, b = 00111100
a = 00001101, b = 00111100
13 60
```

通过程序可以看出,经过三次按位异或运算之后,a 和 b 的值从 60 和 13,交换成了 13 和 60。

## 2.5.6 成员运算符

Python 中的成员运算符可以判断一个元素是否在某一个序列中。例如,可以判断一个字符是否属于某个字符串,可以判断某个对象是否在这个列表中等。成员运算符返回值是 True 或 False,如表 2-8 所示。

表 2-8　成员运算符

| 运　算　符 | 描　　述 |
| --- | --- |
| in | 如果在指定的序列中找到值返回 True,否则返回 False。如 1 in [3,2,1,"abc"]结果为 True |
| not in | 如果在指定的序列中没有找到值返回 True,否则返回 False。如 1 not in [3,2,1,"abc"]结果为 False |

成员运算符的应用场景一般是变量的值有多种可能但是有限的情况下。例如,需要判断输入的月份 month 是否 31 天时,条件可以写成 month in [1,3,5,7,8,10,12],只要 month 是这几个月份,那么表达式的值就是 True,否则为 False。

### 2.5.7　身份运算符

身份运算符用来比较两个对象是否同一个对象,即对应的存储单元地址是否一样,而之前比较运算符中的==则是比较两个对象的值是否相等。身份运算符如表 2-9 所示。

表 2-9　身份运算符

| 运　算　符 | 描　　述 |
| --- | --- |
| is | is 是判断两个标识符是不是引用自一个对象 |
| is not | is not 是判断两个标识符是不是引用自不同对象 |

身份运算符运算代码如例 2-24 所示。

【例 2-24】　身份运算符运算代码示例。

```
a = b = 3
print(a is b)
print(id(a), id(b))
b = b ** 2
print(a is b)
print(id(a), id(b))
```

输出结果如下:

```
True
140735684273040 140735684273040
False
140735684273040 140735684273232
```

变量 a 和 b 初始值都为 3,a 和 b 指向的对象地址是一样的,所以 a is b 的值为 True,其中 id()函数的功能是查询对象地址,从结果可以看出 a 和 b 的地址确实相同。当 b=b ** 2 时,b 的值变为 9,此时 b 指向的地址会发生变化,而 a 的地址不变,所以 a is b 的值为 False。

### 2.5.8　运算符优先级

所谓优先级,就是当多个运算符同时出现在一个表达式中时,执行运算符的先后次序。Python 支持几十种运算符,被划分成将近 20 个优先级,有的运算符优先级不同,有的运算符优先级相同,具体优先级如表 2-10 所示。

表 2-10　运算符优先级

| 运算符说明 | Python 运算符 | 优先级 | 结合性 |
| --- | --- | --- | --- |
| 小括号 | ( ) | 1 | 无 |
| 索引运算符 | x[i] 或 x[i1:i2 [:i3]] | 2 | 左 |
| 属性访问 | x. attribute | 3 | 左 |
| 幂 | ** | 4 | 左 |
| 按位取反 | ~ | 5 | 右 |
| 符号运算符 | +(正号)、−(负号) | 6 | 右 |
| 乘、除、取整除、取余 | *、/、//、% | 7 | 左 |
| 加减 | +、− | 8 | 左 |
| 位移 | >>、<< | 9 | 左 |
| 按位与 | & | 10 | 右 |
| 按位异或 | ^ | 11 | 左 |
| 按位或 | \| | 12 | 左 |
| 比较运算符 | ==、!=、>、>=、<、<= | 13 | 左 |
| 身份运算符 | is、is not | 14 | 左 |
| 成员运算符 | in、not in | 15 | 左 |
| 逻辑非 | not | 16 | 右 |
| 逻辑与 | and | 17 | 左 |
| 逻辑或 | or | 18 | 左 |

**多学一招**:在记忆运算符优先级的时候,可以先记住一般规律,算术运算符>按位运算符>比较运算符>身份运算符>成员运算符>逻辑运算符,然后再从每种运算符内部进行优先级的区分。

## 2.6　实训案例

视频讲解

某银行整存整取的定期储蓄业务,存期分为一年、两年、三年、五年,年利率分别为 1.35%、1.45%、1.75%、1.80%。到期可以取本息,编程实现,输入存入的本金数目,存期分为一年、两年、三年、五年,计算到期取款时,银行应支付的本息分别是多少?

**1. 案例的实现思路**

(1) 利用输入函数 input()接收本金数据,并利用 X 进行存储。

(2) 分别利用下 4 个变量 y、z、m、n 存放利息。

(3) 本息=本金+利息。

**2. 案例参考代码**

```
print("请输入您存储的本金数:\n")
x = int(input())
print("您存储的本金为:",x)
y = x + x * 1.35/100
z = x * (1 + 1.45/100) ** 2
m = x * (1 + 1.75/100) ** 3
```

```
n = x * (1 + 1.80/100) ** 5
print("存储一年后的本息为:" + "{:.2f}".format(y))
print("存储二年后的本息为:" + "{:.2f}".format(z))
print("存储三年后的本息为:" + "{:.2f}".format(m))
print("存储五年后的本息为:" + "{:.2f}".format(n))
```

运行结果如图 2-1 所示。

```
E:\WorkSpace\pythonProject\.venv\Scripts\python.exe E:\WorkSpace\pythonProject\main.py
请输入您存储的本金数：

2000
您存储的本金为： 2000
存储一年后的本息为: 2027.00
存储二年后的本息为: 2058.42
存储三年后的本息为: 2106.85
存储五年后的本息为: 2186.60

Process finished with exit code 0
```

图 2-1　运行结果

## 本章小结

本章主要讲解 Python 的基础语法，包括变量、数据类型、运算符、数据类型转换等。这些都是最基础的语法，也是学习 Python 其他知识的基础，所以读者一定要重点掌握本章内容。

## 习题

### 一、填空题

1. 多行注释使用三引号("")或者 3 个_____将注释括起来。

2. 当 a＝11 时，执行 a＋＝15 后，其结果为_____。

3. 在 Python 中定义类时，与运算符 ** 对应的特殊方法为_____。

4. Python 中用于表示逻辑与、逻辑或、逻辑非运算的关键字分别是 and、or 和_____。

5. 表达式 5&8 的值为_____。

### 二、选择题

1. 下列语句在 Python 中为非法的是( 　　 )。

　　A. x＝y＝z＝3　　　　B. x＝(y＝z＋4)　　　C. x,y＝y,x　　　　D. x＋＝y

2. 以下不是 Python 中的关键字的是( 　　 )。

　　A. break　　　　　　B. switch　　　　　　C. import　　　　　　D. Final

3. 以下 Python 标识符中，命名不合法的是( 　　 )。

　　A. _Username_#　　B. 6area　　　　　　C. str1　　　　　　　D. __3print

4. Python 代码块的标记是( 　　 )。

　　A. 分号　　　　　　B. 逗号　　　　　　　C. 缩进　　　　　　　D. /

5. 在 Python 3 中执行以下语句后得到的结果是(　　)。

```
word = "world"
print "hello " + word
```

  A. hello world  B. "hello" world  C. hello "world"  D. 语法错误

### 三、程序分析题

1. 有赋值表达式"a＝23％7,b＝3 ** 4,c＝14//3"。试问 print(a)、print(b)、print(c) 分别输出什么结果?

2. 请给出下面的输出语句执行后输出的结果。

(1) print('％03d'％30)

(2) print('PI＝％.4f'％3.1415926)

### 四、编程题

1. 输入一个三位数,判断其是否是水仙花数。所谓水仙花数是一个三位数,其每位上 的数字的立方和等于其本身,如 370＝3 ** 3＋7 ** 3＋0 ** 3,故 370 是水仙花数。

2. 已知 x＝5,y＝9,求表达式$(5x^2＋3y)/(7x－y)$的值,结果保留两位小数。

3. 已知半径,求圆的周长和面积,要求结果保留 3 位小数。

# 第 **3** 章

案例导读

# 流程控制语句

**学习目标**

➢ 理解程序的表示方法——程序流程图。

➢ 理解程序三大基本结构：顺序结构、分支结构和循环结构。

➢ 掌握 if、if-else 及 if-elif-else 语句的基本结构和语法。

➢ 掌握 for、while 循环的基本结构和语法。

➢ 掌握分支结构的嵌套、循环结构的嵌套，以及分支与循环的组合嵌套。

➢ 掌握 break、continue 及 pass 循环控制语句。

控制语句是程序语言的逻辑结构基础，也是程序编写的重点。掌握 Python 流程控制语句的应用，是进行程序和算法编写的必备条件。本章主要介绍 Python 的三大流程控制结构，顺序结构、分支结构和循环结构，使用这些流程控制语句可以控制程序的执行过程。其中，需要重点掌握 if、if-else、if-elif-else 三种分支结构以及 while、for 两种循环结构。

## 3.1 程序表示方法

### 3.1.1 程序流程图

程序流程图是用代表各种不同操作的框图进行组合,演示算法流程的一种表现形式,更加直观形象,便于理解。表 3-1 是一些常用的程序流程图符号。

表 3-1 常用的程序流程图符号

| 符 号 | 描 述 | 符 号 | 描 述 |
|---|---|---|---|
| ⬭ | 起止框 | ▭ | 处理框 |
| ▱ | 输入输出框 | → | 流程线 |
| ◇ | 判断框 | ○ | 连接点 |

流程图是表示算法的较好的工具。一个流程图包括以下几部分。

(1)表示相应操作的框。

(2)带箭头的流程线。

(3)框内外必要的文字说明。

**注意**:流程线不要忘记画箭头,它是用来反映流程先后逻辑的,若不画出箭头就难以判定各框的执行次序。用流程图表示算法直观形象,可以比较清楚地显示出各个框之间的逻辑关系。

### 3.1.2 基本结构流程图

Python 中主要有三种基本结构:顺序结构、分支结构和循环结构。用这三种基本结构可以实现各种复杂算法的程序逻辑。

**1. 顺序结构**

顺序结构是最简单的一种基本结构,按照代码的顺序从上到下依次执行。顺序结构的流程图如图 3-1 所示。

**2. 分支结构**

Python 分支结构也称为选择结构,就是让程序"拐弯",有选择性地执行代码。换句话说,可以跳过没用的代码,只执行有用的代码。选择结构的流程图如图 3-2 所示,如果条件 P 成立,则执行 A 操作,否则执行 B 操作,然后程序继续往后执行。

**3. 循环结构**

Python 循环结构又称为重复结构,就是不断地重复执行某一段代码。循环结构的流程图如图 3-3 所示。程序会首先判断条件 P 是否成立,如果成立则会执行 A 操作,然后再判断条件 P,直到条件 P 不成立,循环结构终止,程序继续往后执行。

图 3-1 顺序结构流程图

图 3-2　选择结构流程图　　　　　　图 3-3　循环结构流程图

### 3.1.3　流程图的应用

案例：现需要判断数字序列 1～100 中，哪些数字为奇数，哪些数字为偶数，那么对应的程序思路如下。

（1）运用循环结构循环生成 1～100 的数字。

（2）再依次运用分支结构对数字奇、偶性进行判断。

（3）按照判断结果进行输出，直到循环结束。

对应的程序流程图如图 3-4 所示。

图 3-4　程序流程图

## 3.2　顺序结构

Python 顺序结构是让程序按照从头到尾的顺序依次执行每一条 Python 代码，不重复执行任何代码，也不跳过任何代码，代码如例 3-1 所示。

【例 3-1】　顺序结构的代码示例。

```
number1 = eval(input("请输入第一个数:"))
number2 = eval(input("请输入第二个数:"))
print(f"{number1} + {number2} = {number1 + number2}")
```

输出结果如下:

```
请输入第一个数:10
请输入第二个数:20
10 + 20 = 30
```

## 3.3 分支结构

顺序结构的代码都是按顺序执行的,也就是先执行第 1 条语句,然后是第 2 条、第 3 条……直到最后一条语句。

但是很多情况下,顺序结构的代码是远远不够用的。实际开发场景中会有很多因为满足不同条件需要执行不同操作的需求。例如,网页界面的菜单栏中,需要选择不同选项来显示不同的网页内容,或满足不同条件时进行不同的数据处理等。接下来进行分支结构的介绍。

### 3.3.1 单分支结构:if 语句

if 语句实现单分支处理,是最简单的条件判断语句。if 语句的一般形式如下:

```
if 表达式:
    语句块 1
```

如果表达式成立(真),那么执行后面的代码块 1;如果表达式不成立(假),那么什么也不执行,代码如例 3-2 所示。

**【例 3-2】** 单分支结构的代码示例。

```
score_cet4 = 424
if score_cet4 < 425:
    print("大学英语四级考试未通过,请继续努力。")
print("单分支程序完成。")
```

输出结果如下:

```
大学英语四级考试未通过,请继续努力。
单分支程序完成。
```

由缩进可以看出,第一个 print()输出语句属于此单分支结构,而第二个 print()输出语句则不属于该结构。所以 if 单分支条件成立与否,只决定第一个 print()函数是否输出数据;第二个 print()函数与 if 单分支结构无关。

**注意:**

(1)每个 if 条件后要使用冒号(:),是固定的语法规范,必须要写,表示判断条件的结束,开始分支语句的内容。

（2）使用缩进来划分语句块，相同缩进数的语句在一起组成一个语句块。

### 3.3.2　双分支结构：if-else 语句

if 语句只能执行满足条件的程序代码，若不满足条件而需要执行其他程序代码，这时可以用 if-else 语句来实现。if-else 语句的基本格式如下：

```
if   表达式:
    代码块 1
else:
    代码块 2
```

如果表达式成立（真），则执行代码块 1；如果表达式不成立（假），则执行代码块 2，代码如例 3-3 所示。

【例 3-3】　双分支结构的代码示例。

```
score_cet4 = 500
if score_cet4 < 425:
    print("大学英语四级考试未通过,请继续努力。")
else:
    print("恭喜你成功通过大学英语四级考试。")
print("双分支程序完成。")
```

输出结果如下：

```
恭喜你成功通过大学英语四级考试。
双分支程序完成。
```

双分支结构中执行 else 子句的隐含条件相当于是 score_cet4≥425。注意：if 和 else 的子句都需要缩进。

### 3.3.3　多分支结构：if-elif-else 语句

还有另一种情况，如果需要判断的条件数大于两种，而 if 和 if-else 语句显然无法完成多条件判断，这时就需要用 if-elif-else 多条件判断语句。其基本格式如下：

```
if 表达式 1:
    代码块 1
elif 表达式 2:
    代码块 2
    …
elif 表达式 n:
    代码块 n
else:
    代码块 n + 1
```

对于 if-elif-else 多条件判断语句，Python 会从上到下逐个判断表达式是否成立，一旦遇到成立的表达式，就执行后面紧跟的代码块；此时，不管后面的表达式是否成立，剩下的代码都不再执行。如果所有的表达式都不成立，则执行 else 后面的代码块，代码如例 3-4 所示。

【例 3-4】　多分支结构的代码示例。

```
score_cet4 = int(input("请输入您的四级分数:"))
if score_cet4 < 425:
    print("您的四级成绩未通过,请继续努力。")
elif score_cet4 <= 500:
    print("您的四级成绩合格。")
elif score_cet4 <= 600:
    print("您的四级成绩良好。")
else:
    print("您的四级成绩优秀。")
print("多分支程序完成。")
```

输出结果如下:

```
请输入您的四级分数:600
您的四级成绩良好。
多分支程序完成。
```

### 3.3.4　嵌套分支结构:if 嵌套语句

嵌套分支是指 if、if-else 和 if-elif-else 语句还可以根据具体情况嵌入 if、if-else 或 if-elif 语句。一般应用在有多维度条件的实际问题中,其基本格式如下:

```
if 表达式 1:
    代码块 1
    if 表达式 2:
        代码块 2
    else 表达式 3:
        代码块 3
        …
elif 表达式 n:
    代码块 n
    if 表达式 n+1:
        代码块 n+1
    else:
        代码块 n+2
…
```

对于嵌套分支的执行流程,遵循从外到内依次判断的顺序,而嵌套的不管是单分支、双分支还是多分支,其执行流程和其他分支结构的规则一致,代码如例 3-5 所示。

【例 3-5】　嵌套分支结构的代码示例。

```
ticket = True
liquid_v = 150

if ticket:
    print('已有机票,请安检……')
    if liquid_v > 100:
        print('液体体积为{}ml:超出限定容量,禁止登机'.format(liquid_v))
    else:
```

```
        print('液体体积为{}ml:没有超过限定容量,允许入内'.format(liquid_v))
else:
    print('请先买票')
```

输出结果如下：

```
已有机票,请安检……
液体体积为150ml:超出限定容量,禁止登机
```

## 3.4　循环语句

在日常生活中或是在程序所处理的问题中常遇到需要重复处理的问题,处理这些重复问题的常用方法是编写若干个重复语句。虽然这种方法可以满足需求,但是代码冗余度高、工作量大、效率低。因此,想要高效地重复执行某些操作,可以使用循环语句。

### 3.4.1　while 语句

while 语句和 if 语句类似,即在条件(表达式)为真的情况下,会执行相应的代码块。不同之处在于,只要条件为真,while 语句会一直重复执行相应的代码块。while 语句的语法格式如下：

```
while 条件表达式:
    代码块
```

这里的代码块指的是缩进格式相同的多行代码,在语句结构中,它又被称为循环体。while 语句执行的具体流程为：首先判断条件表达式的值,其值为真(True)时,则执行代码块中的语句,当执行完毕后,再重新判断条件表达式的值是否为真。若仍为真,则继续执行代码块,如此循环,直到条件表达式的值为假(False),则终止循环,代码如例 3-6 所示。

【例 3-6】　while 语句的代码示例。

```
# 求解 10 的阶乘
result = 1
i = 1
while i <= 10:
    result *= i
    i += 1
print(result)
```

以上代码求解 10 的阶乘结果为 3628800,使用 while 语句,需要注意三点：循环控制变量 i 的初始值、对应的循环条件和改变循环控制变量的语句,即 i+=1。另外,存储最终乘积的 result 也需要赋予初始值,否则程序语句 result *=i 会报错。

Python 中的 while 语句可以跟分支结构中的 else 关键字搭配使用。当 while 语句正常结束后,会执行 else 中的语句；若是非正常终止的,即循环是通过 break 关键字直接终止的,则不会执行 else 中的语句。

例如,若要实现数字炸弹的游戏,则可以使用 while 语句和 else 的搭配来实现。其中游

戏规则如下。

（1）随机生成指定范围内的某一个数字，如 1～1000 中的随机整数。

（2）然后循环地猜测随机数是哪个，直到猜中为止。

代码如例 3-7 所示。

【例 3-7】 while 语句和 else 搭配使用的代码示例。

```python
from random import randint
number = randint(1, 1000)
guess_number = int(input("请随机输入一个整数:"))
while number != guess_number:
    if number < guess_number:
        print("您猜的数字大了!请再猜一次。")
    elif number > guess_number:
        print("您猜的数字小了!请再猜一次。")
    guess_number = int(input("请随机输入一个整数:"))
else:
    print("恭喜您!猜对了!")
```

输出结果如下：

```
请随机输入一个整数:500
您猜的数字小了!请再猜一次。
请随机输入一个整数:750
您猜的数字大了!请再猜一次。
请随机输入一个整数:600
您猜的数字小了!请再猜一次。
请随机输入一个整数:650
您猜的数字大了!请再猜一次。
请随机输入一个整数:625
您猜的数字大了!请再猜一次。
请随机输入一个整数:620
您猜的数字小了!请再猜一次。
请随机输入一个整数:621
恭喜您!猜对了!
```

while 语句循环的条件是 number!＝guess_number，循环正常终止的对应条件正好是 number 与 guess_number 相等，也正好执行 else 内的语句，输出结果"恭喜您！猜对了！"。

## 3.4.2 for 语句

3.4.1 节已详细讲解了 while 语句，本节介绍 for 语句，它常用于遍历字符串、列表、元组、字典、集合等可迭代对象，逐个获取这些对象中的各个元素。for 语句的语法格式如下：

```
for 循环变量 in 可迭代对象:
    代码块
```

循环变量用于存放从可迭代对象中读取的元素，所以一般不会在循环结构中对循环变量手动赋值；循环的对象一般为字符串、列表、元组、字典、集合等数据；代码块指的是具有相同缩进格式的多行代码（和 while 语句一样），由于与循环结构联用，因此代码块又被称为循环体。

for 语句可以遍历字符串、列表、字典和集合等可迭代对象，代码如例 3-8 所示。

【例 3-8】 for 语句的代码示例。

```
# 1. for 语句循环遍历字符串
str1 = "武汉是一座英雄的城市"
for character in str1:
    print(character, end = "")

# 2. for 语句循环遍历列表
circle_color = ["blue", "black", "red", "yellow" ,"green"]
for color in circle_color:
    print(color, end = " ")

# 3. for 语句循环遍历字典
stu_dict = {"院系": "计信学院", "学号": "12345678", "姓名": "小哈"}
for key in stu_dict:
    print(key, stu_dict[key])

# 4. for 语句循环遍历集合
Set = {(3, 4), True, "abc", 12.3}
for i in Set:
    print(i, end = " ")
```

输出结果如下：

```
# 1. for 语句循环遍历字符串
武汉是一座英雄的城市

# 2. for 语句循环遍历列表
blue black red yellow green

# 3. for 语句循环遍历字典
院系 计信学院
学号 12345678
姓名 小哈

# 4. for 语句循环遍历集合
abc True (3, 4) 12.3
```

### 3.4.3　嵌套循环

不仅 if 语句支持相互嵌套，while 和 for 循环结构也支持嵌套。例如，for 循环里面包含 for 循环、while 循环里面包含 while 循环，甚至 while 循环中包含 for 循环或 for 循环中包含 while 循环也都是允许的。

当两个（甚至多个）循环结构相互嵌套时，位于外层的循环结构常简称为外层循环或外循环，位于内层的循环结构常简称为内层循环或内循环，代码如例 3-9 所示。

【例 3-9】 使用嵌套 for 循环求 1!＋2!＋3!＋…＋n!的代码示例。

```
n = int(input("请输入计算阶乘的个数:"))
sum1 = 0
```

```
for i in range(1, n + 1):
    mul = 1
    for j in range(1, i + 1):
        mul *= j
    sum1 += mul
print("1!+ … +{}!= {}".format(n, sum1))
```

输出结果如下：

```
请输入计算阶乘的个数:5
1!+ … + 5!= 153
```

外层循环变量 i 等于 1，内层循环计算 1 的阶乘，然后加上 sum1；接着外层循环 i 变成 2，内层循环再计算 2 的阶乘，再加上 sum1，后面依次计算 3!、4! 和 5!，并且求和，存入 sum1 中，最后得出阶乘总和为 153。

用 while 循环来求解 1!+2!+3!+…+n!，代码如例 3-10 所示。

【例 3-10】　使用嵌套 while 循环求 1!+2!+3!+…+n! 的代码示例。

```
n = int(input("请输入计算阶乘的个数:"))
sum1, i = 0, 1              # 循环变量 i 的初值
while i < n + 1:            # 外层循环的条件
    mul = j = 1            # 循环变量 j 的初值
    while j < i + 1:       # 内层循环的条件
        mul *= j
        j += 1            # 改变内层循环变量 j 的语句
    sum1 += mul
    i += 1                 # 改变外层循环变量 i 的语句
print("1!+ … + {}!= {}".format(n, sum1))
```

输出结果如下：

```
请输入计算阶乘的个数:6
1!+ … + 6!= 873
```

由例 3-9 和例 3-10 可以看出，一般情况下，当循环次数固定时，for 循环的写法比 while 循环更简单；而当循环次数不固定，且跟循环体的执行情况相关时，一般可以优先选择使用 while 循环。

Python 解释器执行循环嵌套结构代码的流程如下。

（1）当外层循环条件成立时，执行外层循环结构中的循环体。

（2）进入外层循环的循环体后，执行内层循环，直到内层循环结束。

（3）内层循环结束后，再次判断外层循环条件，若仍成立，则返回第（2）步，反复执行，直到外层循环的循环条件不成立为止，整个循环结束。

（4）当内层循环的循环条件不成立，且外层循环的循环条件也不成立时，则整个嵌套循环才算执行完毕。

在计算机领域中，认为编写的程序＝数据结构＋算法，数据结构的好坏直接关系到程序的质量，而在实际开发过程中经常会用到的各类排序算法的思想，如冒泡排序、选择排序和快速排序等，不同的排序方法处理数据的效率各有不同。现在以冒泡排序的代码为例，阐述

嵌套循环的代码特点及流程。

冒泡排序（Bubble Sort）是一种简单、直观的排序算法。它重复地访问要排序的数列，一次比较两个元素。以升序为例，如果比较的两个元素前一个大于后一个，就对它们的位置进行交换，然后重复地进行，直到没有再需要交换的元素，那么该数列已经排序完成。

冒泡排序的思想如下。

第一，比较相邻的元素。如果第一个比第二个大，就对它们进行交换。

第二，对每一对相邻元素做同样的工作，从开始第一对到结尾的最后一对。这步做完后，最后的元素会是最大的数。

第三，针对所有的元素重复以上的步骤，除了最后一个。

第四，持续对越来越少的元素重复上面的步骤，直到没有任何一对数字需要比较。

演示代码如例 3-11 所示。

【例 3-11】 嵌套循环——冒泡排序代码示例。

```python
sort_num = [34, 12, 67, 13, 2, 100, 79, 23, 35, 89]
length = len(sort_num)
for i in range(length - 1):
    for j in range(length - i - 1):
        if sort_num[j] > sort_num[j + 1]:
            sort_num[j], sort_num[j + 1] = sort_num[j + 1], sort_num[j]
print(sort_num)
```

输出结果如下：

```
[2, 12, 13, 23, 34, 35, 67, 79, 89, 100]
```

由冒泡排序的思想可以推出，n 个数字只需要比较 n−1 轮，也就是例 3-11 中第一个 for 循环的 length−1；而每一轮内部的比较次数依次是 n−1 次、n−2 次、n−3 次、……、2 次、1 次，也就是第二个 for 循环中的 length−i−1。然后，Python 中交换两个变量中的数据可以直接写成 a，b＝b，a 的形式，所以交换 sort_num[j]和 sort_num[j＋1]，就可以直接写成 sort_num[j]，sort_num[j＋1]＝sort_num[j＋1]，sort_num[j]。

### 3.4.4 循环控制语句：break、continue 和 pass 语句

在执行 while 循环或 for 循环时，只要循环条件满足，程序将会一直执行循环体，不停地循环。但某些场景需要在循环结束前就强制结束循环，Python 提供了两种强制离开当前循环体的方法：break 语句和 continue 语句。此外，Python 还提供了 pass 语句，用来让解释器跳过此处，什么都不做。

#### 1. break 语句

break 语句可以立即终止当前循环的执行，跳出当前所在的循环结构。无论是 while 循环还是 for 循环，只要执行 break 语句，就会直接结束当前正在执行的循环体。

这就好比在操场上跑步，原计划跑 5 圈，可是当跑到第 3 圈的时候，临时有事，于是直接停止跑步并离开操场，这就相当于使用了 break 语句提前终止了循环。

break 语句的语法非常简单，只需要在相应 while 或 for 循环中直接加入即可，代码如

例 3-12 所示。

【例 3-12】　使用 break 语句的代码示例。

```
for i in range(1, 6):
    if i == 3:
        print("第 3 圈临时有事,停止锻炼。")
        break
    print("这是第{}圈"。format(i))
```

输出结果如下：

```
这是第 1 圈
这是第 2 圈
第 3 圈临时有事,停止锻炼。
```

例 3-7 中实现数字炸弹游戏,是使用 while 循环和 else 搭配实现的,那么使用 while 循环和 break 搭配也同样能实现,代码如例 3-13 所示。

【例 3-13】　while 循环和 break 搭配使用的代码示例。

```
from random import randint
number = randint(1,1000)
while True:
    guess_number = int(input("请随机输入一个整数:"))
    if number < guess_number:
        print("您猜的数字大了!请再猜一次。")
    elif number > guess_number:
        print("您猜的数字小了!请再猜一次。")
    else:
        print("恭喜您!猜对了!")
        break
```

输出结果如下：

```
请随机输入一个整数:500
您猜的数字大了!请再猜一次。
请随机输入一个整数:250
您猜的数字小了!请再猜一次。
请随机输入一个整数:375
您猜的数字小了!请再猜一次。
请随机输入一个整数:435
您猜的数字大了!请再猜一次。
请随机输入一个整数:405
您猜的数字小了!请再猜一次。
请随机输入一个整数:420
您猜的数字大了!请再猜一次。
请随机输入一个整数:415
您猜的数字大了!请再猜一次。
请随机输入一个整数:410
恭喜您!猜对了!
```

将 while 循环的条件设置为 True,是 while 循环中的一种特殊写法,True 代表循环条件永远成立,也就意味着循环无法通过条件终止,但可以通过 break 来进行终止,例 3-13

中,不论玩家猜的数字是大还是小,都无法终止循环,只有当猜对之后,需要终止,所以在else分支内部加一个break即可。

**2. continue语句**

和break语句相比,continue语句的作用则没有那么强大,它只能终止执行本次循环中剩下的代码,直接从下一次循环继续执行。

仍然以在操场上跑步为例,原计划跑5圈,但跑到第3圈累了,第3圈不跑,改为走一圈,休息一会儿,并直接从第4圈开始跑。

continue语句的用法和break语句一样,只要在while或for循环中的相应位置加入即可,代码如例3-14所示。

**【例3-14】** continue语句的使用代码示例。

```
for i in range(1, 6):
    if i == 3:
        print("第3圈走一圈,休息一会儿。")
        continue
    print("第{}圈跑步运动".format(i))
```

输出结果如下:

```
第1圈跑步运动
第2圈跑步运动
第3圈走一圈,休息一会儿。
第4圈跑步运动
第5圈跑步运动
```

**3. pass语句**

在实际开发中,有时会先搭建起程序的整体逻辑结构,暂时不去实现某些细节,而是在这些地方加一些注释,方便以后再添加代码,同样可以用pass语句作为占位符,实现同样的功能,且程序代码看起来更简洁、美观,代码如例3-15所示。

**【例3-15】** 使用pass语句的代码示例。

```
for i in range(1, 6):
    if i == 3:
        pass
    print("第{}圈跑步运动".format(i))
```

输出结果如下:

```
第1圈跑步运动
第2圈跑步运动
第3圈跑步运动
第4圈跑步运动
第5圈跑步运动
```

该代码示例中,当i等于3时,满足分支条件,但是里面处理的代码,还没有确定怎么写,那么可以先用pass语句进行占位,此时相当于满足条件,但什么都不做。这样就可以先运行其他代码,保持程序结构完整性,不会因为缺少语句导致程序出错。如果确定了分支结构中的程序语句怎么写了，直接删除 pass 语句，补充对应程序语句即可。

　　pass 也是 Python 的关键字之一，用来让解释器跳过此处，什么都不做。就像上面的情况，有时候程序需要占一个位置或放一条语句，但又不希望这条语句被执行，此时就可以通过 pass 语句来实现。使用 pass 语句比使用注释更加美观。

## 3.5　实训案例

　　小红和小芳商量下周如何度过，如果是周末，温度高于 30℃，就去游泳，否则就去爬山；非周末，假如天气好，就去旅游，否则，就去图书馆学习。编写程序，实现上述推荐选择。

**1. 案例的实现思路**

（1）建议定义三个变量，分别存放周几、温度和天气。

（2）利用 if 语句来实现。

**2. 案例参考代码**

```python
print('请输入周几\n')
day = input()                    #今天周六
print('请输入温度\n')
temp = input()                   #温度为 31℃
print('请输入天气\n')
weather = input()
if day == 6 or day == 7:
    if temp > 30:
        print("建议您去游泳")
    else:
        print("建议您去爬山")
else:
    if weather == "天气好":
        print("建议您去旅游")
    else:
        print("建议您去图书馆学习")
```

运行结果如图 3-5 所示。

图 3-5　运行结果

## 本章小结

本章主要介绍 Python 的流程控制结构,包括顺序结构、分支结构、循环结构,使用流程控制语句可以控制程序的执行过程。其中,需要重点掌握 if、if-else、if-elif-else 分支结构、while、for 循环结构、选择及循环的嵌套用法。

## 习题

### 一、判断题

1. 对于带有 else 子句的循环语句,如果是因为循环条件表达式不成立而自然结束循环,则执行 else 子句中的代码。　　　　　　　　　　　　　　　　　　　　　　(　　)

2. while 循环的循环体至少执行一次。　　　　　　　　　　　　　　　　(　　)

3. 在循环语句中,continue 语句的作用是跳过当前循环中的剩余语句,提前进入下一次循环。　　　　　　　　　　　　　　　　　　　　　　　　　　　　　　　(　　)

4. 在循环语句中,break 语句的作用是提前结束本层循环。　　　　　　　(　　)

5. Python 提供了两种实现循环的语句,分别是 while 和 for。　　　　　(　　)

### 二、选择题

1. 执行以下代码,其结果为(　　　)。

```
n = 20
sum = 0
number = 1
while number <= n:
    sum = sum + number
    number += 1
print(sum)
```

　　A. 0　　　　　　　　　B. 209　　　　　　　　C. 210　　　　　　　　D. 66

2. 阅读下面的代码:

```
sum = 0
for i in range(10):
    if(i % 5):
        continue
    sum = sum + i
print(sum)
```

上述程序的执行结果是(　　　)。

　　A. 5　　　　　　　　　B. 4　　　　　　　　　C. 3　　　　　　　　　D. 10

3. 已知 x=5,y=6,z=7,以下语句执行后 x、y、z 的值是(　　　)。

```
if x < y:
    z = x
    x = y
    y = z
```

A. 6,5,6　　　　　B. 5,6,6　　　　　C. 6,5,5　　　　　D. 5,6,5

4. 以下程序的执行结果是(　　)。

```
s = 0
for i in range(1,10):
    s += i
    if i == 5:
        print(s)
        break
```

A. 66　　　　　B. 15　　　　　C. 45　　　　　D. 0

### 三、编程题

1. 编写程序,从两个字符串中输出较长的字符串。比较两个字符串的长度,输出长度较长的字符串。如果两个字符串的长度相同,则输出第1个字符串。

2. 编写程序,输出九九乘法表。

3. 编写程序,利用 if 条件运算符的嵌套来完成此题:学习成绩≥90 分输出 A,60～89 分输出 B,60 分以下输出 C。

# 第 **4** 章

案例导读

# 字符串与正则表达式

**学习目标**
➤ 掌握字符串创建的方法。
➤ 理解重点转义字符。
➤ 掌握字符串格式化方法。
➤ 熟练掌握字符串的基本操作。
➤ 掌握字符串的处理函数和方法。
➤ 掌握正则表达式的使用方法。

在第 2 章已经介绍过数据类型,即 6 个标准的数据类型——数字类型、字符串类型、列表类型、元组类型、字典类型和集合类型。其中数字类型和字符串类型是基础类型,需要非常熟练地掌握字符串类型,为后面的四种复合数据类型打下基础。本章将详细介绍字符串类型,包括字符串的创建、字符串格式化方法、字符串的基本操作、字符串的处理函数和方法,以及通过正则表达式高效完成校验任务。

什么是字符串呢? 字符串简单的理解就是由各种字符依次组成的字符集合,其中字符可以是数字、大小写字母、符号和汉字等,如"Hello,Charlie"是一个字符串,"123456"或"你好,Python."也是一个字符串。Python 要求字符串必须使用引号括起来,而且两边的引号成对出现。

## 4.1　字符串的创建

### 4.1.1　定义字符串

字符串(String)就是若干个字符的集合。Python 中的字符串创建的方法有三种。
(1) 使用单引号包含字符,例如,'abc'、'123'。
(2) 使用双引号包含字符,例如,"abc"、"123abc"。
(3) 使用三引号(三对单引号或者三对双引号)包含字符,例如,'''abc'''。

```
"""
123
Abc
"""
```

三引号能包含多行字符串,其中可以包含换行符、制表符等特殊字符,进行格式化输出,代码如例 4-1 所示。

【例 4-1】　字符串的创建代码示例。

```
str1 = 'life'                 # 单引号
str2 = "你好,Python"          # 双引号
print(str1)
print(str2)

str3 = '''热爱可抵岁月漫长,    # 三单引号,包含换行符\n
温柔可挡艰难时光.'''

str4 = """                    # 三双引号,包含换行符\n 和制表符\t
        勤学
        汪洙
    学向勤中得,萤窗万卷书。
    三冬今足用,谁笑腹空虚。
"""
print(str3)
print(str4)
```

输出结果如下:

```
life
你好,Python
```

```
热爱可抵岁月漫长,
温柔可挡艰难时光.

          勤学
              汪洙
学向勤中得,萤窗万卷书。
三冬今足用,谁笑腹空虚。
```

### 4.1.2　转义字符

程序执行时是严格按照语法规则进行的,所以有时候并没有大家所期望的那么灵活。如果用单引号和双引号来创建字符串,而字符串的内容中又包含了单引号或双引号时,此时不进行特殊处理,会导致程序出现错误。

而解决方法有两种:使用不同的引号将字符串括起来和使用转义字符对引号进行转义。

**1. 使用不同的引号将字符串括起来**

假如字符串内容中包含了单引号,则可以使用双引号将字符串括起来。例如:

```
str3 = 'I'm a coder'
```

由于字符串中的字符包含了单引号,此时 Python 会将字符中的单引号与第一个单引号配对,这样就会把 'I' 当成字符串,而后面的 m a coder' 就变成了多余的内容,从而导致语法错误。为了避免这种问题,可以将上面代码改为如下形式:

```
str3 = "I'm a coder"
```

上面代码使用双引号将字符括起来,此时 Python 就会把字符中的单引号当成字符串内容,而不是和字符的引号配对。假如字符串中的字符包含双引号,则可使用单引号将字符括起来,例如:

```
str4 = '"Spring is here,let us jam!", said woodchuck.'
```

**2. 使用转义字符对引号进行转义**

Python 允许使用反斜杠符(\)将字符串中的特殊字符进行转义。若字符串既包含单引号,又包含双引号,此时必须使用转义字符,例如:

```
str5 = '"we are scared,Let\'s hide in the shade",says the bird'
```

Python 中的转义字符如表 4-1 所示。

表 4-1　转义字符

| 转 义 字 符 | 描　　述 | 转 义 字 符 | 描　　述 |
|---|---|---|---|
| \(在行尾时) | 续行符 | \n | 换行 |
| \\ | 反斜杠符 | \v | 纵向制表符 |
| \' | 单引号 | \t | 横向制表符 |
| \" | 双引号 | \r | 回车 |

续表

| 转 义 字 符 | 描　　述 | 转 义 字 符 | 描　　述 |
|---|---|---|---|
| \a | 响铃 | \f | 换页 |
| \b | 退格(Backspace) | \oyy | 八进制数,y 代表 0~7 字符,例如,\o12 代表换行 |
| \e | 转义 | \xyy | 十六进制数,\x 开头,y 代表 0~9,a~f(A~F)字符,如\x0a 代表换行 |
| \000 | 空 | \other | 其他的字符以普通格式输出 |

转义字符中\oyy 和\xyy 会输出对应的字符,代码如例 4-2 所示。

【例 4-2】　转义字符代码示例。

```
string = "\101, \x42, \71, \x63"
print(string)
```

输出结果如下:

```
A, B, 9, c
```

要计算这两种转义字符对应的结果,首先将对应八进制或十六进制转换为十进制的数字,此时十进制数字编码值对应的字符便是最后输出的结果。例如,\101,\x42,\71,\x63 分别对应的十进制数是 65,66,57,99,这四个数字对应的字符分别是 A,B,9,c。

多学一招:常用编码值如下。

65~90 对应大写字母 A~Z。

97~122 对应小写字母 a~z。

48~57 对应数字字符 0~9。

32 对应空格字符。

## 4.2　字符串格式化

### 4.2.1　%格式控制符

在第 2 章中介绍过 print()函数的用法,这只是最简单、最初级的形式,print()函数还有很多高级的用法。例如,想要输出可读性更好的字符串,可以运用 print()函数进行格式化输出,这就是本节要讲解的内容。

print()函数使用以%开头的格式控制符对各种类型的数据进行格式化输出,具体如表 4-2 所示。

表 4-2　格式控制符

| 格式控制符 | 解　　释 | 格式控制符 | 解　　释 |
|---|---|---|---|
| %o | 格式化为无符号的八进制数 | %g | 智能选择使用%f 或%e 格式 |
| %d、%i | 格式化为带符号的十进制数 | %G | 智能选择使用%F 或%E 格式 |
| %x、%X | 格式化为无符号的十六进制数 | %c | 格式化字符及其 ASCII 码 |
| %e | 格式化为科学记数法表示的浮点数(e 小写) | %r | 使用 repr()函数将表达式转换为字符串 |

| 格式控制符 | 解　释 | 格式控制符 | 解　释 |
|---|---|---|---|
| %E | 格式化为科学记数法表示的浮点数（E 大写） | %s | 使用 str()函数将表达式转换为字符串 |
| %f、%F | 格式化为十进制浮点数 | | |

格式控制符相当于一个占位符，它会被后面表达式（变量、常量、数字、字符串、加减乘除等各种形式）的值代替，代码如例 4-3 所示。

【例 4-3】　单个%格式控制符的代码示例。

```
age = 8
print("小明已经%d岁了!" % age)
```

输出结果如下：

```
小明已经8岁了!
```

在 print()函数中，由引号包含的是格式化字符串，它相当于一个字符串模板，可以放置一些格式控制符（占位符）。本例的格式化字符串中包含一个%d 格式控制符，它最终会被后面的变量 age 的值所替代。

age 前面的%是一个分隔符，它前面是格式化字符串，后面是要输出的表达式。

当然，格式化字符串中也可以包含多个格式控制符，同时也要提供多个表达式，用以替换对应的格式控制符；多个表达式必须使用小括号包含起来，代码如例 4-4 所示。

【例 4-4】　多个%格式控制符的代码示例。

```
name = "小明"
age = 8
print("%s已经%d岁了。" % (name, age))
```

输出结果如下：

```
小明已经8岁了。
```

另外，在使用%格式控制符时，要遵循以下原则。

（1）数量一致。后面表达式要与前面格式控制符数量保持一致。

（2）类型一致。后面表达式对应的数据类型要与前面格式控制符类型保持一致。

（3）顺序一致。后面表达式会依次替换前面的格式控制符，所以顺序要保持一致。

如果数量或者类型不一致，可能会导致程序出错，如果顺序不一致，可能会导致输出的数据顺序出现错误或程序出错，代码如例 4-5 所示。

【例 4-5】　多个%格式控制符的代码示例。

```
# 数量不一致
name = "小明"
age = 8
print("%s已经%d岁了。" % (name))

# 类型不一致
```

```
name = "小明"
age = 8
print("%d已经%d岁了。" % (name, age))

# 顺序不一致
name = "小明"
age = 8
print("%s已经%s岁了。" % (age, name))
```

输出结果如下：

```
# 数量不一致
# 报错,提供数据不足
TypeError: not enough arguments for format string

# 类型不一致
# 报错,%d格式化整数,而 name 是字符串类型
TypeError: %d format: a number is required, not str
# 顺序不一致
8已经小明岁了。
```

%格式控制符还可以进行更加细致的格式修饰,%格式控制符的修饰符如表 4-3 所示。

表 4-3 %格式控制符的修饰符

| 符 号 | 功 能 | 符 号 | 功 能 |
| --- | --- | --- | --- |
| — | 左对齐 | 0 | 显示的数字前面填充'0'而不是默认的空格 |
| + | 在正数前面显示加号( + ) | % | '%%'输出一个单一的'%' |
| <sp> | 在正数前面显示空格 | (var) | 映射变量(字典参数) |
| # | 在八进制数前面显示零('0'),在十六进制前面显示'0x'或者'0X'(取决于用的是'x'还是'X') | m.n | m 是显示的最小总宽度,n 是小数点后的位数(如果可用的话) |

众多修饰符当中,使用最为频繁的是 m.n 修饰符,使用的代码如例 4-6 所示。

【例 4-6】 %格式控制符的修饰符使用的代码示例。

```
x = 23.768
print("*%f*" % x)        # 默认保留 6 位小数
print("*%10f*" % x)      # 输出数据时占宽度为 10 的位置,数据宽度不够,则左侧补空格
print("*%.5f*" % x)      # 保留 5 位小数
print("*%10.5f*" % x)    # 整个数据宽度为 10,小数位保留 5 位
print("*%3.2f*" % x)     # 输出宽度比 3 大,所以按实际输出,小数位数保留 2 位
```

输出结果如下：

```
*23.768000*
*23.768000*
*23.76800*
*23.76800*
*23.77*
```

　　**多学一招**：对于 m 修饰符,有两条使用规则,当指定宽度 m 大于实际宽度,左侧补零;当指定宽度 m 小于实际宽度,按实际宽度输出。

　　n 修饰符的使用规则：当指定小数位数 n 大于实际小数位,右侧补零;当指定小数位数 n 小于实际小数位,四舍五入保留 n 位小数。其中需要注意的是小数点和数据所带符号也是算宽度位数的。

### 4.2.2　format()格式化方法

　　Python 中字符串的格式化输出除了使用％格式控制符外,还有另外一种格式化方法,即 format()格式化方法,它增强了字符串格式化的功能。

　　基本语法是通过{}和 format()方法来代替％格式控制符。format()方法不限参数个数,位置可以不按顺序排列,代码如例 4-7 所示。

　　**【例 4-7】** format()方法格式化控制的代码示例。

```
name = "小明"
age = 8
print("{}已经{}岁了。".format(name, age))
print("{1}/{0} = {2}".format(3, 9, 9/3))    # 通过索引值 0,1,2,… 可以改变输出顺序
```

　　输出结果如下：

```
小明已经8岁了。
9/3 = 3.0
```

　　相较于％格式控制符,format()格式化方法有以下三个优点。

　　(1) 格式化时不用关心数据类型的问题,format()格式化方法会自动转换,而用％格式控制符时,需要指定数据类型,例如,％s 用来格式化字符串类型,％d 用来格式化整型。

　　(2) 单个参数可以多次输出,参数顺序可以不同。

　　(3) 填充方式灵活,对齐方式强大。

　　输出数据时,可以调用 format()函数,并结合类型说明符对各种类型的数据进行格式化输出,具体如表 4-4 所示。

表 4-4　format()格式化方法类型说明符

| 类型说明符 | 解　　释 | 类型说明符 | 解　　释 |
|---|---|---|---|
| {:b} | 输出整数的二进制形式 | {:X} | 输出整数的大写十六进制形式 |
| {:c} | 输出整数对应的 Unicode 字符形式 | {:e} | 输出浮点数对应的小写字母 e 的指数形式 |
| {:d} | 输出整数的十进制形式 | {:E} | 输出浮点数对应的大写字母 E 的指数形式 |
| {:o} | 输出整数的八进制形式 | {:f} | 输出浮点数的标准浮点形式 |
| {:x} | 输出整数的小写十六进制形式 | {:%} | 输出浮点数的百分形式 |

　　用 format()格式化方法进行格式控制时,对应的修饰符与％格式控制符的修饰符大致相同,但是更丰富一些,使用的顺序如表 4-5 所示。

表 4-5　修饰符顺序

| 1 | 2 | 3 | 4 | 5 | 6 | 7 |
|---|---|---|---|---|---|---|
| ":" | <填充符号> | <对齐符号> | <指定宽度> | , | <指定精度> | <类型说明符> |
| 引导符号,在进行格式修饰时必须写 | 写 0 时可以在空格处补零;与对齐符号结合使用时可以填充符号和字母等 | <:居左<br>^:居中<br>>:居右 | 指定输出宽度,与%修饰符规则一致 | 数字的千位分隔符,适用于整数和浮点数 | 指定小数位数,与%修饰符规则一致 | 整数类型 b,c,d,o,x,X,浮点数类型 e,E,f,%在进行格式修饰时必须写 |

format()方法进行格式修饰时,修饰方式比%的格式修饰方式更加简单多样,代码如例 4-8 所示。

【例 4-8】　format()方法进行格式修饰的代码示例。

```
x = 123.126

print(" * {:^11.3f} * ".format(x))     # 数据居中显示
print(" * {:A^11.3f} * ".format(x))    # 数据居中显示,宽度不够的位置填充大写字母 A
print(" * {:011.3f} * ".format(x))     # 数据左侧空格部分填充数字 0

print(" * {:3.6f} * ".format(x))       # 实际宽度大于 3,按实际宽度输出,小数位不够右侧补零
print(" * {:011.2f} * ".format(x))     # 实际宽度小于 11,左侧补零
print(" * {:12.4e} * ".format(x))      # 科学记数法的类型说明符是 e
```

输出结果如下:

```
 * 123.126 *
 * AA123.126AA *
 * 0000123.126 *
 * 123.126000 *
 * 00000123.13 *
 * 1.2313e + 02 *
```

format()格式化方法更加简单、方便,需要进行格式控制时,可以多使用 format()方法。另外,在 Python 3.6 之后,出现了 f 格式控制标识符,其中的使用规则基本与 format()方法一致,仅格式不同。例如,将 format()方法的程序示例进行修改,格式化效果一样,但是程序更加简化,代码如例 4-9 所示。

【例 4-9】　使用 f 格式控制标识符进行格式控制的代码示例。

```
x = 123.126
# 字符串前面加上格式标识符 f,花括号内进行格式控制时,冒号前面写变量名,冒号后面进行对应
# 格式修饰
print(f" * {x:^11.3f}")
print(f" * {x:A^11.3f} * ")
print(f" * {x:011.3f} * ")
print(f" * {x:3.6f} * ")
print(f" * {x:011.2f} * ")
print(f" * {x:12.4e} * ")
```

输出结果如下：

```
*  123.126 *
* AA123.126AA *
* 0000123.126 *
* 123.126000 *
* 00000123.13 *
*  1.2313e + 02 *
```

在进行字符串格式化的学习过程中，需要循序渐进，多进行练习，才不会经常犯错。可以先使用格式比较清晰固定的 format()方法，然后在修饰符掌握比较熟练之后，慢慢过渡到使用更加简洁的 f 格式控制标识符进行格式控制。

## 4.3 字符串的处理

### 4.3.1 字符串基本操作

#### 1. 字符串的存储和访问

Python 不支持单字符类型，单字符在 Python 中也是作为字符串使用。Python 中字符串以索引的方式存储，如果要访问字符串中的某个字符，则需要使用下标来实现。例如，字符串 name = "Python"，在内存中的存储方式如图 4-1 所示。

字符串中的每个字符都对应着两套编号：正索引和负索引。

图 4-1 字符串 name = "Python" 在内存中的存储方式

正索引：从左到右从 0 开始，并且依次递增 1，这个编号就是下标。如果要访问字符串中的某个字符，则可以使用下标获取。例如，访问下标为 2 的字符 t，可以用 name[2]来访问。

负索引：从右往左从 -1 开始，并且依次递减 1。name 变量的负索引从右往左即 -1 到 -6。例如，访问字符 t，还可以用 name[-4]来访问。

#### 2. 字符串的切片操作

如果想获取字符串的某一部分内容，可以通过切片的方法来进行截取。Python 中字符串切片语法如下：

```
string[start:end:step]
```

start：切片起始位置的索引，可以用正、负索引值表示。

end：切片终止位置的索引，可以用正、负索引值表示。

step：步长，表示切片索引的增、减值，默认为 1，切片时前一个字符切完直接切片后一个字符，直到切片到终止位置的字符为止。可取正整数 1、2、3……，也可是负整数 -1、-2、-3……，切片间隔数分别为 0、1、2……，以此类推。

切片时需要注意的四条规则具体如下。

（1）范围。切片时包含起始位置字符，不包含终止位置字符，如 name[0:3]的切片结果是 Pyt,不包含 h。

（2）省略。省略起始位置的索引,默认从第一个字符开始切片,如 name[:3] 的切片结果仍是 Pyt。省略终止位置的索引,默认从起始位置切完为止,如 name[1:] 的切片结果是 ython。

（3）越界。起始位置的索引越界,默认返回空字符串,如 name[100:6] 返回空字符串。终止位置的索引越界,默认从起始位置开始切完为止,如 name[1:100] 的切片结果是 ython。

（4）步长。省略不写时默认值为 1,理解步长要从两个方面入手。

① 步长的正负:决定切片的方向。步长为正数,切片从左往右,正方向切片;步长为负数,切片从右往左,负方向切片。例如,name[1:3:1] 的切片结果是 yt,而 name[3:1:-1] 的结果是 ht。

② 步长的绝对值:决定切片的间隔数。绝对值为 1 时,切片间隔数为 0,也就是一个挨着一个切片;绝对值为 2 时,切片间隔数为 1,也就是间隔一个字符再切,后面以此类推。例如,name[0:5:2] 的结果是 Pto,而 name[0:5:3] 的结果是 Ph。

字符串的切片操作规则较为复杂,在进行切片操作时,需要注意使用规范,代码如例 4-10 所示。

【例 4-10】 字符串切片操作的代码示例。

```
String = 'we love python'
print(String[0:4:1])
print(String[:3])
print(String[3:])
print(String[-7:-3:1])
print(String[-2:-5:-1])
print(String[6:3:-1])
print(String[::-1])
```

输出结果如下:

```
# 为方便查看程序结果,此处用下画线对空格进行了标识
we_l
we_
love_python
_pyt
oht
evo
nohtyp_evol_ew
```

切片的方式灵活多变,后续的列表和元组也会有相同的切片操作,规则跟字符串的切片操作是一样的,需要多理解切片时需要注意的四条规则,进行多次巩固练习,才能熟练地掌握切片操作,在实际开发过程中解决问题。

## 4.3.2 字符串运算符

在 Python 开发过程中,经常需要对字符串进行一些基本处理,如拼接字符串、重复输出字符串、截取字符串等。可以使用运算符对字符串进行拼接（连接）、重复等操作。字符串

常用运算符如表 4-6 所示,表中实例 a="Hello",b="Python"。

表 4-6　字符串常用运算符

| 运　算　符 | 描　　述 | 示　　例 |
|---|---|---|
| + | 字符串连接 | >>> a+b<br>'HelloPython' |
| * | 重复输出字符串 $n$ 次 | >>> a * 2<br>'HelloHello' |
| [] | 通过索引获取字符串中字符 | >>> a[1]<br>'e' |
| [:] | 截取字符串中的一部分 | >>> a[1:4]<br>'ell' |
| in | 成员运算符:如果主字符串中包含给定的子字符串则返回 True,否则返回 False | >>>"H" in a<br>True |
| not in | 成员运算符:如果主字符串中不包含给定的子字符串则返回 True,否则返回 False | >>>"M" not in a<br>True |
| r/R | 还原符:字符串包含的所有字符都是直接按照字面的意思来使用,不会进行转义 | >>> r'C:\Windows\notepad.exe'<br>C:\Windows\notepad.exe<br>不加 r 字符串会换行 |

### 4.3.3　字符串处理方法

在了解字符串的基本操作后,本节将介绍 Python 字符串类型常用的处理方法。在 Python 开发过程中,对字符串处理的需求多样,所以集成了很多字符串处理相关的函数和方法,如查找子字符串、字符串替换、字符串拆分等,这些操作无须开发者自己设计实现,只需调用相应的字符串方法即可。

#### 1. 查找子字符串索引值:find()和 index()方法

find()方法用于检索字符串中是否包含目标字符串,如果包含,则返回第一次出现该字符串的索引;反之,则返回-1。

index()方法也是用于检索字符串中是否包含目标字符串,如果包含,则返回第一次出现该字符串的索引;反之,则报错。语法格式如下:

```
str.find(sub, start = None, end = None)
str.index(sub, start = None, end = None)
```

参数说明如下。

str:表示原字符串。

sub:表示待检索的子字符串。

start 和 end:可以设置子字符串查找的范围,如不设置默认范围则是整个字符串。

使用 find()方法查找子字符串索引值的代码如例 4-11 所示。

【例 4-11】　使用 find()方法查找子字符串索引值的代码示例。

```
>>> study_str = "good good study, day day up"
>>> study_str.find("good")
```

```
0                                      # 返回第一次出现 good 时,g 在主字符串中的索引值
>>> study_str.find("Good")
 -1                                    # 主字符串中没有 Good 子串,所以返回 -1
>>> study_str.find("good", 5, 14)
5                                      # 在索引值 5~14 的字符串区间里面,也就是"good study"中
                                       # 检索 good 子字符串,返回对应索引值
```

同 find()方法类似,index()方法也可以用于检索字符串中是否包含指定的字符串,且对应的参数作用是一样的,不同之处在于,当指定的字符串不存在时,find()方法返回 -1,而 index()方法会出现 ValueError 报错。使用 index()方法查找子字符串索引值的代码如例 4-12 所示。

**【例 4-12】** 使用 index()方法查找子字符串索引值的代码示例。

```
>>> study_str = "good good study, day day up"
>>> study_str.index("day")
16
>>> study_str.index("Day")
Traceback(most recent call last):
    File "< stdin >", line 1, in < module >
ValueError: substring not found            # 报错,子字符串没有找到
```

**2. 计算子字符串出现次数: count()方法**

count()方法用于检索指定字符串在主字符串中出现的次数,如果检索的字符串不存在,则返回 0,否则返回出现的次数。count()方法的语法格式如下:

```
str.count(sub, start = None, end = None)
```

各参数的具体含义如下。

str:表示原字符串。

sub:表示要检索的字符串。

start:指定检索的起始位置,也就是从什么位置开始检索。如果不指定,则默认从头开始检索。

end:指定检索的终止位置,如果不指定,则表示一直检索到结尾。

使用 count()方法计算子字符串出现次数的代码如例 4-13 所示。

**【例 4-13】** 使用 count()方法计算子字符串出现次数的代码示例。

```
>>> study_str = "good good study, day day up"
>>> study_str.count("d")          # 可以计算只有单个字符的字符串出现次数
5
>>> study_str.count("od")         # 也可以计算包含多个字符的字符串出现次数
2
>>> study_str.count("Day")        # 如果查找的字符串不存在,则返回 0
0
```

**3. 字母大小写变换: lower()、upper()、title()、swapcase()方法**

lower()方法用于将字符串中的所有大写字母转换为小写字母,转换完成后,该方法会返回新得到的转换为小写字母的字符串。如果字符串中原本就都是小写字母,则该方法会

返回原字符串。

　　upper()方法的功能和 lower()方法恰好相反,它用于将字符串中的所有小写字母转换为大写字母,即如果转换成功,则返回小写变大写之后的新字符串;如果原字符串字母都是大写,则返回字符串与原字符串一样。

　　title()方法用于将字符串中每个英文单词的首字母转为大写,其他字母全部转为小写,转换完成后,此方法会返回转换得到的字符串。如果字符串中没有需要被转换的字符,此方法会将字符串原封不动地返回。

　　swapcase()方法是将字符串中大写字母转换为小写字母,同时把小写字母转换为大写字母。

　　语法规则如下:

```
str.lower()
str.upper()
str.title()
str.swapcase()
```

　　str 表示原字符串,四种方法不需要进行参数传递。

　　代码如例 4-14 所示。

　　**【例 4-14】**　使用 lower()、upper()、title()和 swapcase()方法对字符串中字母大小写进行变换的代码示例。

```
>>> study_str = "Good Good Study,Day Day Up"
>>> study_str.lower()
'good good study,day day up'

>>> study_str.upper()
'GOOD GOOD STUDY,DAY DAY UP'

>>> study_str.title()
'Good Good Study,Day Day Up'

>>> study_str.swapcase()
'gOOD gOOD sTUDY,dAY dAY uP'
```

　　**注意**：以上四种方法相当于创建了一个原字符串的副本,将转换后的新字符串返回,而不会修改原字符串。

　　**4. 字符串替换：replace()方法**

　　replace()方法把字符串中的 old(旧字符串)替换成 new(新字符串),如果指定第三个参数 max,则替换不超过 max 次。返回的是替换后的新字符串,原字符串不会改变。replace()方法语法规则如下:

```
str.replace(old, new[, max])
```

　　此方法中部分参数的含义如下。

　　old：将被替换的子字符串。

　　new：新字符串,用于替换 old 子字符串。

max：可选字符串，替换不超过 max 次。

replace()方法类似于 word 文档中的查找和替换功能，可以将需要替换的文本一次性替换，代码如例 4-15 所示。

**【例 4-15】**　使用 replace()方法进行字符串替换的代码示例。

```
>>> study_str = "玉穷千里目,更上一层楼"
>>> study_str.replace("玉", "欲")
'欲穷千里目,更上一层楼'

>>> study_str = "玉穷千里目,更上一层楼…"
>>> study_str.replace(".", "!")          # 替换所有"."号
'欲穷千里目,更上一层楼!!!'

>>> study_str.replace(".", "!", 2)       # 替换 2 个"."号
'玉穷千里目,更上一层楼!!.'
```

**5．字符串拆分：split()方法**

split()方法可以将一个字符串按照指定的分隔符切分成多个子字符串，这些子字符串会被保存到列表中(不包含分隔符)，作为返回值反馈回来。该方法的基本语法格式如下：

```
str.split(sep = None, maxsplit)
```

此方法中各参数的含义如下。

str：表示要进行分割的字符串。

sep：用于指定分隔符，可以包含多个字符。此参数默认为 None，表示所有空字符，包括空格、换行符(\n)、制表符(\t)等。

maxsplit：可选参数，用于指定分割的次数，最后列表中子字符串的个数最多为 maxsplit＋1。如果不指定或指定为 －1，则表示分割次数没有限制。

使用 split()方法进行字符串替换的代码如例 4-16 所示。

**【例 4-16】**　使用 split()方法进行字符串转换的代码示例。

```
>>> study_str = "2020 12 24"
>>> study_str.split()
['2000', '12', '24']

>>> study_str = "2020 - 12 - 24"
>>> study_str.split(" - ")
['2000', '12', '24']
```

**6．去除多余字符：strip()、lstrip()、rstrip()方法**

用户输入数据时，可能会无意中输入多余的空格，或在一些场景中，字符串前后不允许出现空格和特殊字符，此时需要去除字符串中的空格和特殊字符。这里的特殊字符，指的是制表符(\t)、回车符(\r)、换行符(\n)等。

Python 中，字符串变量提供了 3 种方法来去除字符串中多余的空格和特殊字符，它们分别如下。

strip()方法：去除字符串前后(左右两侧)的空格或特殊字符，返回去除之后生成的新

字符串，原字符串不变。

    lstrip()方法：去除字符串前面（左侧）的空格或特殊字符。返回去除之后生成的新字符串，原字符串不变。

    rstrip()方法：去除字符串后面（右侧）的空格或特殊字符。返回去除之后生成的新字符串，原字符串不变。

    这3种方法的基本语法格式如下：

```
str.strip([chars])
str.lstrip([chars])
str.rstrip([chars])
```

    参数说明如下。

    str：表示要进行字符去除的字符串。

    char：去除字符串头、尾指定的字符序列。

    使用strip()、lstrip()和rstrip()方法去除多余字符的代码如例4-17所示。

**【例4-17】** 使用strip()、lstrip()和rstrip()方法去除多余字符的代码示例。

```
>>> study_str = " hahaha "
>>> study_str.strip()
'hahaha'

>>> study_str = "###hahaha###"
>>> study_str.strip("#")
'hahaha'
>>> study_str.lstrip("#")
'hahaha###'
>>> study_str.rstrip("#")
'###hahaha'
```

    **注意**：Python的str是不可变的（不可变的意思是指，字符串一旦形成，它所包含的字符序列不能发生任何改变），因此这三种方法相当于只是返回字符串前面或后面字符被去除之后的副本，并不会改变字符串本身。

    常用的字符串处理方法如表4-7所示。

表4-7　常用的字符串处理方法

| 方 法 名 称 | 方 法 说 明 |
| --- | --- |
| S.split(sep,maxsplit) | 返回字符串中的字符列表，使用sep作为分隔符切分字符串，至多拆分maxsplit次 |
| sep.join(S) | 连接字符串数组。将字符串、元组、列表中的元素以指定的分隔符连接生成一个新字符串 |
| S.isalnum() | 检验字符串是否为空。如果字符串至少有一个字符，则返回True，否则返回False |
| S.replace(old,new,count) | 返回字符串，其中所有的子字符串old用new替换。如果指定了可选参数count，则只有前面count个子字符串old被替换 |
| S.strip([char])/S.lstrip([char])/S.rstrip([char]) | 去除字符串的两侧/左侧/右侧空格 |

| 方　法　名　称 | 方　法　说　明 |
|---|---|
| S.upper()/S.lower() | 小写转换为大写/大写转换为小写 |
| S.swapcase() | 字符串中所有大写转为小写,所有小写转为大写 |
| S.capitalize() | 把字符串的第一个字母转为大写 |
| S.title() | 把所有单词的第一个字母转为大写 |
| S.count(sub,start,end) | 查询字符串中子字符串 sub 出现的次数,可以规定查询起、止位置 |
| S.find(sub,start,end)<br>S.index(sub,start,end) | 查询字符串 S 中子字符串 sub 的索引值,可以规定查询起、止位置 |
| len(S) | 计算字符串 S 中的字符个数 |

## 4.4　正则表达式

正则表达式(Regular Expression,简称 Regex 或 RE)是一种文本模式,该模式描述在搜索文本时要匹配的一个或多个字符串。它由一系列字符和特殊符号组成,这些特殊符号(称为"元字符")赋予了正则表达式以检查单个字符、字符的特定序列、字符类、重复模式等能力。通过正则表达式,可以高效地完成邮箱、IP 地址、电话号码、身份证号码等常见格式的校验。

### 4.4.1　正则表达式的基础方法

在 Python 中,正则表达式主要通过 re 模块实现。该模块提供了多种方法,如 match()、search()、findall()、split()和 sub()等,用于执行不同的文本处理任务。

**1. re 模块的类**

（1）Error 类。

语法：error(msg:str,pattern:str|bytes|None = …,pos:int|None = …)

re 模块所有异常的公共基类,一般用不到。

（2）Match 类。

匹配类,相当于匹配结果。Match 类的属性和方法如表 4-8 所示。

表 4-8　reMatch 类的属性和方法

| 属性和方法 | 说　　　明 |
|---|---|
| .string | 待匹配的文本 |
| .re | 匹配时使用的 patter 对象(正则表达式) |
| .pos | 正则表达式搜索文本的开始位置 |
| .endpos | 正则表达式搜索文本的结束位置 |
| .group() | 获得匹配后的字符串 |
| .start() | 匹配字符串在原始字符串的开始位置 |
| .end() | 匹配字符串在原始字符串的结束位置 |
| .span() | 返回(.start(),.end()) |

（3）Pattern 类。

匹配模式类,相当于匹配规则。

（4）RegexFlag 类。

正则表达式修饰符类，可选标志参数，包括 A（ASCII）、I（IGNORECASE）、L（LOCALE）、M（MULTILINE）、S（DOTALL）、U（UNICODE）、X（VERBOSE）、T（TEMPLAT）和 DEBUG 等。

### 2. re 模块的函数及方法

re 模块中常用的函数及方法如表 4-9 所示。

表 4-9　re 模块中常用的函数及方法

| 函数及方法名称 | 说　明 |
| --- | --- |
| compile() | 语法：compile(pattern:AnyStr@compile,flags:_FlagsType = …)<br>编译正则表达式函数，将正则表达式字符串编译为 Pattern 对象，方便使用该正则表达式 |
| match() | 语法：match(pattern:str\|Pattern[str],string:str,flags:_FlagsType = …)<br>函数直接对 string 的开头进行匹配，匹配成功就返回匹配结果（Match[str]对象），否则返回 None |
| escape() | 语法：escape(pattern:AnyStr@escape)<br>函数对字符串中的转义字符进行还原，返回还原后的字符串 |
| findall() | 语法：findall(pattern:str\|Pattern[str],string:str,flags:_FlagsType = …)<br>在目标对象中从左至右查找与正则对象匹配的所有非重叠子串，将这些子串组成一个列表并返回 |
| finditer() | 语法：finditer(pattern:str\|Pattern[str],string:str,flags:_FlagsType = …)<br>和 findall 函数（见上）类似，唯一的区别是 finditer 函数返回的不是列表，而是一个迭代器（Iterator[Match[str]]） |
| search() | 语法：search(pattern:str\|Pattern[str],string:str,flags:_FlagsType = …)<br>从任意位置开始匹配，匹配成功返回匹配对象，否则返回 None |
| split() | 语法：split(pattern:str\|Pattern[str],string:str,maxsplit:int = …,flags:_FlagsType = …)<br>将目标对象使用正则对象分割，成功返回匹配对象（是一个列表），可指定最大分割次数 |
| sub() | 语法：sub(pattern:str\|Pattern[str],repl:str\|(Match[str]),string:str,count:int = …,flags:_FlagsType = …)<br>搜索目标对象中与正则对象匹配的子串，使用指定字符串替换，并返回替换后的对象 |
| subn() | 语法：subn(pattern:str\|Pattern[str],repl:str\|(Match[str]),string:str,count:int = …,flags:_FlagsType = …)<br>搜索目标对象中与正则对象匹配的子串，使用指定字符串替换，返回替换后的对象和替换次数 |

re 模块的导入及 complie() 函数如例 4-18 所示。

【例 4-18】　complie() 函数的应用。

```
# 导入 re 模块
import re
# 正则表达式含义：匹配单个非数字的字符
pattern_1 = re.compile(r'[^\d]')
# 正则表达式含义：匹配单个数字字符或者单个小写字母字符
pattern_2 = re.compile(r'[0 - 9a - z]')
print(pattern_1.match('abc123').group())
# 输出：a
print(pattern_2.search('ABCdef123').group())
```

```
# 输出: d
print(pattern_1)
# 输出: re.compile('[^\\d]')
```

## 4.4.2 正则表达式的应用

### 1. 普通字符匹配

正则表达式中的普通字符(如字母、数字、符号)会按照字面意义进行匹配,代码如例 4-19 所示。

【例 4-19】 普通字符匹配。

```
import re
pattern = "apple"
text = "I like apples."
match = re.search(pattern, text)
if match:
    print("匹配成功")
else:
    print("匹配失败")
```

### 2. 定位符

定位符能够将正则表达式固定到行首或行尾、字首或字尾。

在 Python 中有两个定位符如表 4-10 所示。

表 4-10　定位符

| 字　符 | 说　明 |
|---|---|
| ^ | 匹配以指定内容开头的字符串 |
| $ | 匹配以指定内容结尾的字符串 |

定位符使用示例如例 4-20～例 4-22 所示。

【例 4-20】 检测一组英文单词"apple""banana""orange""melon""arbutus"中以 a 开头的单词。

```
import re
print(u"\n^匹配以a开始的水果单词")
# "#请在正则表达式的开始使用^字符匹配一行文本开始处的文本"
lines = ["apple", "banana", "orange", "melon", "arbutus"]
results = []
for line in lines:
    if re.findall(r"^a", line):    # 找行首字符是a的水果单词
        results.append(line)
print(results)                     # ['apple', 'arbutus']
```

【例 4-21】 检测一组英文单词"apple""banana""orange""melon""arbutus"中以 e 结束的单词。

```
# 导入 re 模块
import re
```

```
print(u"\n$匹配以 e 结束的水果单词")
# "请在正则表达式的结束处使用 字符匹配一行文本的结束处的文本,"
lines = ["apple", "banana", "orange", "melon", "arbutus"]
results = []
for line in lines:
    if re.findall(r"e$", line):
        results.append(line)
print(results) # ['apple', 'orange']
```

"^"和"$"都使用时,表示匹配以指定字符开始并且以指定字符结束的字符串,如例 4-22 所示。

【例 4-22】 检测一组英文单词"apple""banana""orange""melon""arbutus"中以 a 开始且以 e 结束的单词。

```
# 导入 re 模块
import re
print(u"匹配以 a 开始且以 e 结束的水果单词")
lines = ["apple", "banana", "orange", "melon", "arbutus"]
results = []
for line in lines:
    if re.findall(r"^a. * e$", line):
        results.append(line)
print(results) # ['apple']
```

### 3. 中括号、连字符和反义符

正则表达式中的中括号表示字符集合,只要能够满足待匹配的字符符合字符集合中的某一项,即表示匹配成功。

当需要匹配某个特定范围内的字符时,可以在正则表达式中使用中括号([])和连字符(-)组合来表示范围。

当需要匹配某个范围外的字符时,在"["的后面加上"^",此时"^"表示反义符,表示在给定的范围之外。

中括号、连字符和反义符的具体示例如表 4-11 所示。

表 4-11 中括号、连字符和反义符的具体示例

| 示　　例 | 说　　明 |
|---|---|
| [age] | 匹配 a、g、e 中的任意一个字符 |
| [^age] | 匹配除 a、g、e 以外的字符 |
| [a-z] | 匹配 a~z 范围内的字符 |
| [^a-z] | 匹配 a~z 范围外的字符 |
| [a-zA-Z0-9] | 匹配 a~z、A~Z 和 0~9 范围内的字符 |

**注意**:连字符(-)表示的范围遵循字符编码顺序,如"a-z"和"0-9"是合法的范围,"a-Z"和"a-9"则是不合法的范围。

中括号、连字符及反义符的使用示例如例 4-23、例 4-24 所示。

【**例 4-23**】　检测"I like apples"中不包含"ika"中的任意字符。

```
# 导入 re 模块
import re
pattern = r"[ika]"
text = "I like apples"
match = re.search(pattern, text)
if match:
    print("匹配成功")
    print(match.group()) # i
else:
    print("匹配失败")
```

【**例 4-24**】　检测"雄关漫道真如铁,而今迈步从头越。"中不包含"a-z"的字符。

```
import re
pattern = r"[^a-z]"
text = "雄关漫道真如铁,而今迈步从头越."
match = re.search(pattern, text)
if match:
    print("匹配成功")
else:
    print("匹配失败")
```

### 4. 点字符和限定符

(1) 点字符。匹配除换行符(\n)以外的任意单个字符,加上 S 修饰符(见修饰符部分)后可匹配任意单个字符。

(2) 限定符。指定正则表达式的一个给定组件必须要出现多少次才能满足匹配。当要匹配某个连续出现的字符时,可以使用限定符,限定符包括?、＋、＊ 和{}。

点字符和限定符如表 4-12 所示,其使用示例如例 4-25 所示。

表 4-12　点字符和限定符

| 字符 | 说　　明 | 字符 | 说　　明 |
|---|---|---|---|
| . | 匹配除换行符和回车符之外的任意单个字符 | {n} | 匹配前面的字符 n 次 |
| ? | 匹配前面的字符零次或一次 | {n,} | 匹配前面的字符最少 n 次 |
| ＋ | 匹配前面的字符一次或多次 | {n,m} | 匹配前面的字符最少 n 次,最多 m 次 |
| ＊ | 匹配前面的字符零次或多次 | | |

【**例 4-25**】　匹配社会安全号码,如"123-45-6789"。

```
import re
pattern = r"\d{3}-\d{2}-\d{4}" # 匹配社会安全号码,如"123-45-6789"
text = "My SSN is 123-45-6789."
match = re.search(pattern, text)
if match:
    print("匹配成功")
else:
print("匹配失败")
```

### 5. 选择字符

选择字符用于匹配多个模式中的一个。在正则表达式中，可以使用竖线"|"来表示选择。例如，male|famale 表示匹配 male 或 famale。

选择字符的使用示例如例 4-26 所示。

**【例 4-26】** 匹配文本中的 apple 或 banana 单词。

```python
import re

text = "I like to eat apples and bananas."
pattern = "apple|banana"
matches = re.findall(pattern, text)
print(matches)  # 输出: ['apple', 'banana']
```

### 6. 预定义符

正则表达式中反斜线可以用来进行特定匹配，即使用反斜线加特定字符来进行特定匹配，是一些常见模式的简写，被称为预定义符。常见的预定义符如表 4-13 所示，其使用示例如例 4-27 所示。

表 4-13 预定义符

| 示 例 | 说 明 |
|---|---|
| \d | 匹配所有 0~9 之间的任意一个数字，相当于[0-9] |
| \D | 匹配所有 0~9 以外的字符，相当于[^0-9] |
| \w | 匹配任意的字母、数字和下画线，相当于[a-zA-Z0-9_] |
| \W | 匹配除字母、数字和下画线以外的字符，相当于[^a-zA-Z0-9_] |
| \s | 匹配空白字符（包括换行符、制表符、空格符等），相当于[\t\r\n\v\f] |
| \S | 匹配非空白字符，相当于[^\t\r\n\v\f] |
| \b | 匹配单词分界符，如"\bg"可以匹配"best grade"，结果为"g" |
| \B | 匹配非单词分界符，如"\Bade"可以匹配"best grade"，结果为"ade" |

**【例 4-27】** 使用预定义符匹配日期格式，如"07-17-2024"。

```python
import re
pattern = r"\d{2} - \d{2} - \d{4}"    # 匹配日期格式，如"07 - 17 - 2024"
text = "Today is 07 - 17 - 2024."
match = re.search(pattern, text)
if match:
    print("匹配成功")
else:
    print("匹配失败")
```

### 7. 分组

在 Python 正则表达式中，圆括号用于创建捕获组（capturing group），允许将正则表达式中的一部分匹配结果保存起来，以便后续引用或处理。捕获组在文本搜索、替换和验证中非常有用，使用它们可以提取或操作字符串中的特定部分。分组的使用示例如例 4-28 所示。

**【例 4-28】** 提取电话号码的区号和号码部分。

```
import re
text = "我的座机号是(027) 511 - 61234"
pattern = r"\((\d{3})\) (\d{3} - \d{4})"
match = re.search(pattern, text)
if match:
    area_code, number = match.groups()
    print(f"区号：{area_code}，号码：{number}")
    # 输出：区号：027，号码：511 - 61234
```

## 4.5　实训案例

视频讲解

开发表单页面时，为了保证表单的严谨性，需要对表单进行验证。例如，用户注册、用户登录、填写个人信息的时候，都需要对用户填写的内容进行验证。下面以用户注册为例讲解表单验证。本案例对用户注册时填写的用户名、密码、身份证号和手机号的格式要求如下。

（1）用户名由英文大小写字母组成，长度为 6～12 位。

（2）密码由英文大小写字母、数字和下画线组成，长度为 6～16 位。

（3）手机号是以 13、15、16、17、18、19 开头的 11 位数字。

（4）身份证号码格式及数据正确。

**1. 案例的实现思路**

（1）声明变量，接收用户输入的信息。

（2）根据各部分规则，创建正则表达式。

（3）根据正则表达式判断用户输入的信息是否合法。

**2. 案例参考代码**

```
import re
# 用户名由英文大小写字母组成，长度为 6～12 位
username = input("请输入用户名:")
usernamePattern = r'^[A - Za - z]{6,12}$'
usernamMatch = re.search(usernamePattern, username)

# 密码由英文大小写字母、数字和下画线组成，长度为 6～16 位
password = input("请输入密码:")
passwordPattern = r'^[A - Za - z0 - 9_]{6,16}$'
passwordMatch = re.search(passwordPattern, password)

# 手机号是以 13、15、16、17、18、19 开头的 11 位数字
phone = input("请输入手机号:")
phonePattern = r'^(?:13|15|16|17|18|19)\d{9}$'
phoneMatch = re.search(phonePattern, phone)

# 身份证号码格式及数据正确
userId = input("请输入身份证号:")
userIdPattern = r'^\d{6}(18|19|20)?\d{2}(0[1 - 9]|1[0 - 2])(0[1 - 9]|[12]\d|3[01])\d{3}(\d|[Xx])$'
```

```
userIdMatch = re.search(userIdPattern, userId)

if usernamMatch:
    print("用户名输入合法")
else:
    print("用户名输入不合法")

if passwordMatch:
    print("密码输入合法")
else:
    print("密码输入不合法")

if phoneMatch:
    print("手机号输入合法")
else:
    print("手机号输入不合法")

if userIdMatch:
    print("身份证号输入合法")
else:
    print("身份证号输入不合法")
```

运行结果如图 4-2 所示。

```
E:\WorkSpace\pythonProject\.venv\Scripts\python.exe E:\WorkSpace\pythonProject\main.py
请输入用户名: testuser
请输入密码: 123_abc
请输入手机号: 13819192020
请输入身份证号: 400100202003127111
用户名输入合法
密码输入合法
手机号输入合法
身份证号输入合法

Process finished with exit code 0
```

图 4-2　运行结果

## 本章小结

字符串是 Python 中最常用的数据类型。本章主要介绍了字符串类型变量的创建、字符串格式化方法（包括％格式控制符、format()格式化方法和 f 格式控制标识符）、字符串的基本操作、字符串的处理函数和方法，以及正则表达式的使用方法。

## 习题

### 一、填空题

1. 字符串（String）就是若干字符的集合。Python 中的字符串创建的方式有三种：_____、_____、_____。

2. 使用 Python 字符串方法来获取字符串长度的函数是_____。

3. 在 Python 中,用于将字符串转换为大写的方法是_____。

4. 设 str＝'python',把字符串的第一个字母大写,其他字母保持小写,正确的程序是_____。

5. 在正则表达式中,用于匹配指定次数的重复的元字符是_____。

6. Python 中用于查找字符串中指定子串出现次数的方法是_____。

7. 正则表达式中用于匹配一个或多个非空白字符的字符类是_____。

8. Python 中用于正则表达式匹配的模块是_____。

**二、判断题**

1. 字符串是由一系列字符组成的序列,可以包含字母、数字、符号等。在 Python 中,字符串可以用单引号、双引号或三引号来表示。　　　　　　　　　　　　　( )

2. 在 Python 中,trim 方法用于删除字符串开头和结尾的空白字符。　　( )

3. 在 Python 中,uppercase()方法用于将字符串中的字母转换为大写。　( )

4. Python 的 re 模块提供了对正则表达式的支持,可以通过编写简洁而强大的模式来实现各种复杂的文本匹配和处理任务。　　　　　　　　　　　　　( )

5. 在 Python 中,join()方法用于将列表中的字符串连接成一个字符串。　( )

**三、选择题**

1. 在 Python 中,哪个方法用于将字符串中的字母转换为小写( )。
   A. lower() B. to_lower()
   C. tolower() D. convert_to_lower()

2. 关于 Python 字符串,以下选项中描述错误的是( )。
   A. 可以使用 datatype()测试字符串的类型
   B. 输出带有引号的字符串,可以使用转义字符
   C. 字符串是一个字符序列,字符串中的编号叫"索引"
   D. 字符串可以保存在变量中,也可以单独存在

3. 下列哪个正则表达式匹配一个包含字母和数字的字符串( )。
   A. [a-zA-Z] B. [a-zA-Z0-9] C. \w+ D. \d+

4. 在 Python 中,哪个方法用于将列表中的字符串连接成一个字符串( )。
   A. join() B. concat() C. merge() D. combine()

5. 以下程序的输出结果是( )。

```python
import re
str1 = "Hello, World!"
pattern = r"World"
replacement = "Earth"
new_str = re.sub(pattern, replacement, str1)
print(new_str)
```

   A. Hello,Earth! B. Hello,World!
   C. Hello,World D. Hello,Earth

6. 字符串 s＝"I love Python",以下程序的输出结果是(　　　　)。

```
s = "I love Python"
ls = s.split()
ls.reverse()
print(ls)
```

    A. 'Python','love','I'        B. Python love I

    C. None        D. ['Python','love','I']

7. 执行以下代码,运行结果是(　　　　)。

```
def split(s):
return s.split("a")
s = "Happy birthday to you!"
print(split(s))
```

    A. ['H','ppy birthd','y to you!']        B. "Happy birthday to you!"

    C. 运行出错        D. ['Happy','birthday','to','you!']

8. 下列 Python 代码段中用于从字符串 str 中提取所有以大写字母开头的单词是(　　　　)。

    A. re.search(r'[A-Z]\w＊',str)        B. re.findall(r'\b[A-Z]\w＊',str)

    C. re.match(r'\b[A-Z]\w＊',str)        D. re.findall(r'[A-Z]\w＊',str)

## 四、简答题

1. 简要说明 \d,\W,\s,\B,.,＊,＋,? 的功能含义。

2. 字符串运算符包含哪些?

## 五、编程题

1. 随意输入心中想到的一个书名,然后输出它的字符串长度(len 属性)。

2. 验证用户密码,长度在 6~18,只能包含英文和数字。

3. 输入一个字符串,将字符串中所有的小写字母变成对应的大写字母输出。用 upper 方法和自己写算法两种方式实现。

4. 写程序实现字符串函数 find/index 的功能,获取字符串 how are you? Im fine, Thank you! 中字符串 you 第一次出现的位置。

5. 获取两个字符串中公共的字符。

6. 使用正则表达式将格式 1 的日期(17/7/2024)改为格式 2 的日期(2024/7/27)。

案例导读

# 第 5 章

# 复合数据类型

**学习目标**

➢ 理解数据类型分类。

➢ 掌握序列类型的基本操作方法。

➢ 熟练掌握列表类型、元组类型的操作方法。

➢ 熟练掌握字典类型的组成方式和操作方法。

➢ 理解集合类型的特征，熟悉集合类型的运算方式。

在数据量庞大且复杂的信息时代，数字或字符串这些基本数据类型还远远满足不了实际数据处理的需求，因此，Python 提供了复合数据类型。复合数据类型主要用于在不同的场景下，为复杂的数据提供不同的组织处理方式和存储方式。这样不仅减少了程序开发人员的工作量，而且还大大提高了程序的运行效率。本章将对列表、元组、字典和集合这四类复合数据类型进行详细介绍。

## 5.1  数据类型分类

### 5.1.1  序列、映射和集合类型

根据数据组织方式的不同,可以将 Python 中的字符串、列表、元组、字典和集合数据类型分为三类:序列类型、映射类型和集合类型,如图 5-1 所示。

图 5-1  序列、映射和集合类型

**1. 序列类型**

将元素按照固定索引值有序地组织在一起的数据结构,可以通过索引值查找指定元素。所以字符串、列表和元组三种数据类型有很多类似的操作方法,如提取和切片操作等。

**2. 映射类型**

将元素按照键值对的方式组织在一起的数据结构,可以通过键值对中的键查找对应的值。字典的元素就是由键值对构成,所以增、删、改、查操作与其他数据类型区别较大,学习时需要注意,避免犯错。

**3. 集合类型**

将元素按照互异的且无序的方式组织在一起的数据结构,可以进行类似于数学集合的运算,如交集、并集等。

### 5.1.2  可变和不可变数据类型

按照是否能够对数据进行增、删、改操作,可以将数字、字符串、列表、元组、字典和集合分为可变和不可变数据类型,如图 5-2 所示。

图 5-2  可变和不可变数据类型

可变数据类型:可以对值进行增加、删除和修改操作的数据类型。从存储角度来讲,当改变其值的时候,存储空间的地址不会发生改变。属于可变数据类型的有列表、字典和

集合。

不可变数据类型：不可以对值进行增加、删除和修改操作的数据类型。从存储角度来讲，当改变其值的时候，存储空间的地址会发生改变。属于不可变数据类型的有数字、字符串和元组。

简单地理解可变和不可变数据类型，前者不仅有访问、查看的权限，还有可编辑的权限；而后者有只读的权限，不能修改。

## 5.2 列表

列表是 Python 中最为常用的一种可变数据类型，列表元素和长度都是可以变化的，开发环境中内置有相应的增加、删除和修改方法；列表中可以存储任何其他数据类型；而且列表属于序列类型，所以列表元素是有序的，每一个列表元素都有对应的索引值。

### 5.2.1 列表的创建

（1）通过一对方括号（[]）可以创建列表，括号内部元素使用英文逗号进行分隔，示例如下：

```
list1 = []
list2 = [1, 2, 3, 4, 5]
list3 = [1, "python", 7, [3, 2, 8]]
```

list1 中没有列表元素，即空列表。从 list2 和 list3 中可以看出，列表除了可以存储同一种类型的数据，还可以同时存储多种不同类型的数据。

（2）通过 list()函数也可以创建列表，通常是将元组或字符串转换为列表类型，代码如例 5-1 所示。

【例 5-1】 list()函数创建列表的代码示例。

```
str1 = "python"
list_str = list(str1)
print(list_str)

tuple1 = (2, 4, "python", [1, 2, 3])
list_tuple = list(tuple1)
print(list_tuple)
```

输出结果如下：

```
['p', 'y', 't', 'h', 'o', 'n']
[2, 4, 'python', [1, 2, 3]]
```

用 list()函数将字符串转换为列表时，字符串的每个字符会单独成为一个列表元素。将元组转换为列表时，从形式上看，相当于将元组的圆括号替换成了方括号，其他的不变；从内容上看，就是将所有的元组元素转换为列表元素，从不可变数据类型转为可变数据类型。

### 5.2.2 列表的操作

#### 1. 提取和切片操作

列表属于序列类型，所以可以进行单个列表元素的提取操作和多个列表元素的切片操作。

提取操作的语法规范跟字符串类型一样，通过正、负索引值都可以进行提取，而且索引值不能越界，代码如例 5-2 所示。

【例 5-2】 列表的提取操作的代码示例。

```
list_test = [1, "python", 7, [3, 2, 8]]
# 正索引提取元素
print(list_test[0])
print(list_test[1])
# 负索引提取元素
print(list_test[-1])
# 索引越界,会产生错误
print(list_test[10])
```

输出结果如下：

```
1
python
[3, 2, 8]
IndexError: list index out of range
```

切片操作的语法规范与字符串相同，分为切片起始位置（start）、切片终止位置（end）和步长（step），且用冒号分隔。这三个位置的数字都可以省略，省略起始位置，默认从第一个字符开始切片；省略终止位置，默认从起始位置开始切片，直到切完为止；省略步长，默认为 1。另外，越界时不会报错，起始位置越界默认返回空列表，终止位置越界默认切完为止，代码如例 5-3 所示。

【例 5-3】 列表的切片操作的代码示例。

```
list3 = [1, "python", 7, [3, 2, 8]]
print(list3[0:3:1])          # 完整的切片操作
print(list3[0:3])            # 一般步长可以省略,默认为1
print(list3[:3])             # 省略起始位置
print(list3[0:])             # 省略终止位置
print(list3[:])              # 全部省略
print(list3[9:])             # 起始位置越界
print(list3[1:10])           # 终止位置越界
```

输出结果如下：

```
[1, 'python', 7]
[1, 'python', 7]
[1, 'python', 7]
[1, 'python', 7, [3, 2, 8]]
[1, 'python', 7, [3, 2, 8]]
[]
['python', 7, [3, 2, 8]]
```

### 2. 运算符操作

列表可以进行加法(＋)的合并操作、乘法(＊)的重复操作,还可以运用成员运算符(in 或 not in)判断元素是否存在,代码如例 5-4 所示。

**【例 5-4】** 列表的基本运算符操作的代码示例。

```
print([1,2,3]+[4,5,6]) # 合并两个列表
print([1,2,3]*3)       # 重复列表 n 次
print(4 in[1,2,3])     # in 的规则是元素在列表中则返回 True,不在则返回 False;not in 运算
                       # 符规则与之相反
print(3 in[1,2,3])
```

输出结果如下:

```
[1, 2, 3, 4, 5, 6]
[1, 2, 3, 1, 2, 3, 1, 2, 3]
False
True
```

### 3. 列表的增、删、改、查操作

列表有对应增加、删除、修改和查找的操作方法,接下来分别介绍每种操作方法。

(1) 增加操作。列表的增加操作方法有 append()、extend()和 insert()三种,代码如例 5-5 所示。

**【例 5-5】** 列表的增加操作代码示例。

```
>>> student = ["小赵", "小钱", "小孙"]
>>> new_stu = ["小李", "小周", "小吴"]

# 第一,可以使用 append()方法一次向末尾增加一个列表元素
>>> student.append('小郑')
>>> student
['小赵', '小钱', '小孙', '小郑']

# 第二,可以使用 extend()方法一次向末尾增加多个列表元素
>>> student.extend(new_stu)
>>> student
['小赵', '小钱', '小孙', '小郑', '小李', '小周', '小吴']

# 第三,可以使用 insert()方法向指定位置增加一个列表元素
>>> student.insert(1, '小王')
>>> student
['小赵', '小王', '小钱', '小孙', '小郑', '小李', '小周', '小吴']
```

(2) 删除操作。列表的删除操作方法有 del 关键字法、remove()方法和 pop()方法,代码如例 5-6 所示。

**【例 5-6】** 列表的删除操作的代码示例。

```
# 第一,可以使用 remove()方法,根据需要删除的元素的值来进行删除
>>> student = ['小赵', '小王', '小钱', '小孙', '小郑', '小李', '小周', '小吴']
>>> student.remove('小王')         # 等效于 student.remove(student[1])
```

```
>>> student
['小赵', '小钱', '小孙', '小郑', '小李', '小周', '小吴']
```

第二,可以使用 pop()方法,根据需要删除的元素的索引值来进行删除
```
>>> student.pop(0)          # (默认值-1)有返回值
'小赵'
>>> student
['小钱', '小孙', '小郑', '小李', '小周', '小吴']
```

第三,可以使用 del 关键字,根据单个元素提取操作或多个元素的切片操作,删除单个或同时删除多个列表元素
```
>>> del student[0]          # 可删除某一个
>>> student
['小李', '小周', '小吴']
>>> del student[0:2]        # 可删除多个
>>> student
['小吴']
```

（3）修改操作。列表可以通过索引值来进行相应的修改操作,代码如例 5-7 所示。

【例 5-7】 列表的修改操作的代码示例。

```
>>> student = ["小赵", "小钱", "小孙"]
>>> student[0] = "小陈"            # 修改某一个
>>> student[1:3] = ['小冯', '小蒋']   # 修改多个
>>> student
['小陈', '小冯', '小蒋']
```

（4）查找操作。列表可以通过 index()方法查找索引值,代码如例 5-8 所示。

【例 5-8】 列表的查找操作的代码示例。

```
>>> student = ["小赵", "小钱", "小孙"]
>>> student.index("小钱")
1
```

Python 中常用的列表操作函数和方法分别如表 5-1 和表 5-2 所示。

表 5-1  Python 中常用的列表操作函数

| 序　号 | 函数及描述 |
| --- | --- |
| 1 | len(list)<br>返回列表元素个数 |
| 2 | max(list)<br>返回列表元素最大值 |
| 3 | min(list)<br>返回列表元素最小值 |
| 4 | sorted(list)<br>返回排序后的列表,默认为升序 |

表 5-2　**Python 中常用的列表操作方法**

| 序　　号 | 方　　法 |
|---|---|
| 1 | list. append(obj)<br>在列表末尾添加新的元素 |
| 2 | list. count(obj)<br>统计某个元素在列表中出现的次数 |
| 3 | list. extend(seq)<br>在列表末尾一次性追加另一个序列中的多个值(用新列表扩展原来的列表) |
| 4 | list. index(obj)<br>从列表中找出某个值第一个匹配项的索引位置 |
| 5 | list. insert(index,obj)<br>将对象插入列表 |
| 6 | list. pop([index=-1])<br>移除列表中的一个元素(默认最后一个元素),并且返回该元素的值 |
| 7 | list. remove(obj)<br>移除列表中某个值的第一个匹配项 |
| 8 | list. reverse()<br>反向列表中的元素 |
| 9 | list. sort(key=None,reverse=False)<br>对原列表进行排序,默认为升序 |
| 10 | list. clear()<br>清空列表 |
| 11 | list. copy()<br>复制列表 |

## 5.2.3　列表的综合应用案例

### 1. 列表和 for 循环结合应用案例——杨辉三角形

杨辉三角形是二项式系数在三角形中的一种几何排列,在中国南宋数学家杨辉 1261 年所著的《详解九章算法》一书中出现。在欧洲,帕斯卡(1623—1662 年)于 1654 年发现这一规律,所以杨辉三角形又被称为帕斯卡三角形。帕斯卡的发现比杨辉迟 393 年,比贾宪迟 600 年。杨辉三角形是中国数学史上的一个伟大成就。杨辉三角形的特征如下。

(1) 从第 3 行起,除首尾数字外,每个数等于它上方两数之和。

(2) 每行数字左右对称,且从 1 增加至最大值再减少到 1。

(3) 第 n 行的数字有 n 项。

将 n 取 8,算法思路如下所示。

(1) 嵌套循环外层控制行数 i,内层控制列数 j。

(2) 第 1 列(j==0)和对角线(i==j)全为 1。

(3) 剩下的数 a[i][j]=a[i-1][j-1]+a[i-1][j]。

(4) 每列输出换行即可。输出效果如图 5-3 所示,代码如例 5-9 所示。

图 5-3　杨辉三角形

【例 5-9】　列表实现杨辉三角形的代码示例。

```python
yh = []
for i in range(8):
    yh.append([])
    for j in range(i + 1):
        if j == 0 or j == i:
            yh[i].append(1)
        else:
            yh[i].append(yh[i - 1][j - 1] + yh[i - 1][j])
    print(yh[i])
```

**2. 嵌套列表应用案例——篮球运动员数据处理**

篮球运动员（以下简称"球员"）信息如表 5-3 所示，代码如例 5-10 所示。

表 5-3　球员信息表　　　　　　　　　　　　　　　　　单位：分

| 球　　员 | 场 均 得 分 | 场 均 篮 板 | 场 均 助 攻 |
| --- | --- | --- | --- |
| 球员 1 | 25.00 | 7.70 | 7.80 |
| 球员 2 | 21.80 | 7.90 | 3.10 |
| 球员 3 | 26.40 | 5.12 | 6.08 |
| 球员 4 | 28.00 | 6.82 | 5.38 |
| 球员 5 | 30.40 | 5.40 | 8.75 |
| 球员 6 | 18.60 | 5.40 | 7.88 |

【例 5-10】　嵌套列表综合应用代码示例。

（1）使用二维列表存储球员信息，代码示例如下。

```python
nba_data = [
["球员", "场均得分", "场均篮板", "场均助攻"],
    ["球员 1", 25.00, 7.70, 7.80],
    ["球员 2", 21.80, 7.90, 3.10],
    ["球员 3", 26.40, 5.12, 6.08],
    ["球员 4", 28.00, 6.82, 5.38],
    ["球员 5", 30.40, 5.40, 8.75],
    ["球员 6", 18.60, 5.40, 7.88]
]
```

（2）查找球员信息。查找 nba_data 中相关信息，并输出对应内容，如图 5-4 所示。

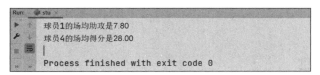

图 5-4　查找球员信息

实现嵌套列表查找操作的代码示例如下：

```
data1 = nba_data[1][3]               # 球员 1 场均助攻
data2 = nba_data[4][1]               # 球员 4 场均得分
print("{}的{}是{}".format(nba_data[1][0], nba_data[0][3], data1))
print("{}的{}是{}".format(nba_data[4][0], nba_data[0][1], data2))
```

（3）增加球员信息。

① 按照相同数据结构追加到 nba_data 列表末尾。增加球员 7 信息（球员：球员 7，场均得分：28.8，场均篮板：8.2，场均助攻：7.5）。

② 按照相同数据结构在球员 5 和球员 6 中间插入球员 8 信息（球员：球员 8，场均得分：23.1，场均篮板：3.9，场均助攻：4.7）。

实现嵌套列表增加操作的代码示例如下：

```
player1 = ["球员 7", 28.80, 8.20, 7.50]
player2 = ["球员 8", 23.10, 3.90, 4.70]
nba_data.append(player1)             # 追加到末尾用 append()方法
nba_data.insert(6, player2)          # 插入某个位置用 insert()方法
print(nba_data)
```

（4）删除球员信息。

① 删除球员 2 的所有信息，代码示例如下：

```
# 以下三种删除方式任选其一
del nba_data[2]
nba_data.remove(nba_data[2])
nba_data.pop(2)
```

② 删除球员 5 的场均篮板数，代码示例如下：

```
# 以下三种删除方式任选其一,注意前面增删操作对索引值的影响
del nba_data[4][2]
nba_data[4].remove(nba_data[4][2])
nba_data[4].pop(2)
```

（5）修改球员信息。将球员 6 改为球员 0，代码示例如下：

```
nba_data[6][0] = "球员 0"
```

## 5.3　元组

元组类型与列表类型有很多相似的特征，首先，元组内部的元组元素也可以是任意其他数据类型；其次，元组元素也是有序的，每个元素都有对应的索引值，可以进行查找访问。

不同的是,元组属于不可变数据类型,元组元素以及元组长度无法修改,无法进行增、删、改操作。所以在需要保证数据不能被随意修改的场景中,经常使用元组来达到禁止修改数据的目的。

### 5.3.1　元组的创建

（1）通过一对圆括号“()”可以创建元组,括号内部元素使用英文逗号进行分隔。其中,非空元组可以省略括号,示例如下:

```
Tuple1 = ()                    # 创建一个空元组
Tuple2 = 1,                    # 由逗号结尾表示元组
Tuple3 = (1, )                 # 单个元素的元组
Tuple4 = (1, 2, [3, 4],"Python")   # 包含多个元素的元组
```

（2）通过 tuple()函数也可以创建元组,通常是将列表或字符串转换为元组类型,代码如例 5-11 所示。

【例 5-11】　tuple()函数创建元组的代码示例。

```
List = [1, 2, [3, 4], "python"]
print(tuple(List))
Str = "Python"
print(tuple(Str))
```

输出结果如下:

```
(1, 2, [3, 4], 'python')
('P', 'y', 't', 'h', 'o', 'n')
```

### 5.3.2　元组的操作

#### 1. 提取和切片操作

元组也属于序列类型,所以也可以进行单个元组元素的提取操作和多个元组元素的切片操作,代码如例 5-12 所示。

【例 5-12】　元素的提取和切片操作的代码示例。

```
Tuple = (1, 2, [3, 4], "python")
print(Tuple[0])            # 正索引提取第一个元素
print(Tuple[0:3])          # 切片第一个到第三个元素
print(Tuple[ - 1])         # 负索引提取最后一个元素
```

输出结果如下:

```
1
(1, 2, [3, 4])
'python'
```

#### 2. 运算符操作

元组可以进行加法（＋）的合并操作、乘法（＊）的重复操作,还可以运用成员运算符（in

或 not in)判断元素是否存在,代码如例 5-13 所示。

【例 5-13】　元组的基本运算符操作的代码示例。

```
print((1, "python", [3, 4]) + ('1', '3'))
print((1,2,3) * 2)
print("python" in (1, "python", [3, 4]) + ('1', '3'))
```

输出结果如下:

```
(1, 'python', [3, 4], '1', '3')
(1, 2, 3, 1, 2, 3)
True
```

Python 中包含的元组操作函数如表 5-4 所示。

表 5-4　Python 中包含的元组操作函数

| 序　号 | 函数及描述 | 序　号 | 函数及描述 |
|---|---|---|---|
| 1 | len(tuple)<br>返回元组元素个数 | 3 | min(tuple)<br>返回元组元素最小值 |
| 2 | max(tuple)<br>返回元组元素最大值 | 4 | sorted(tuple)<br>返回排序后的列表,默认为升序 |

### 5.3.3　元组的综合应用案例

元组和循环结构的综合应用案例——简易菜单查询系统。

根据用户输入的数字,返回相应的菜单信息,如表 5-5 所示。

表 5-5　菜单信息

| 汉堡类/元 | 小食类/元 | 饮料类/元 |
|---|---|---|
| 元香辣鸡腿堡 15.00 | 薯条 7.00 | 可口可乐 7.00 |
| 劲脆鸡腿堡 15.00 | 黄金鸡块 9.00 | 九珍果汁 15.00 |
| 新奥尔良烤鸡腿堡 16.00 | 香甜粟米棒 15.00 | 经典咖啡 15.00 |
| 半鸡半虾堡 20.00 | 鸡肉卷 10.00 | 雪碧 7.00 |

简易菜单查询系统设计思路如下。

(1)将菜单信息存储成元组。

(2)通过字符串提示用户输入操作数字。

① 查询汉堡类菜单请输入 1。

② 查询小食类菜单请输入 2。

③ 查询饮料类菜单请输入 3。

④ 若不进行任何查询操作,则请输入 0。

(3)当用户输入相应的数字时,程序要输出相应的详细食物菜单。只有当输入 0 后,才能退出系统。

代码如例 5-14 所示。

【例 5-14】　元组和循环结构的综合应用实例代码示例。

```
print("""
*******************************************
            欢迎进入菜单查询系统

        查询汉堡类菜单请输入:1
        查询小食类菜单请输入:2
        查询饮料类菜单请输入:3
        若不进行任何查询操作,则请输入:0
*******************************************
""")
menu = ("【您已退出,感谢您的使用!】",
        "【香辣鸡腿堡 15.00 元　劲脆鸡腿堡 15.00 元　新奥尔良烤鸡腿堡 16.00 元　半鸡半虾堡
20.00 元】",
        "【薯条 7.00 元　黄金鸡块 9.00 元　香甜粟米棒 15.00 元　鸡肉卷 10.00 元】",
        "【可口可乐 7.00 元　九珍果汁 15.00 元　经典咖啡 15.00 元　雪碧 7.00 元】")
while True:
    number = int(input("请选择需要进行操作的对应数字:"))
    if number == 0:
        print(menu[number])
        break
    print("您选择的菜单详情:\n" + menu[number])
```

输出结果如下:

```
*******************************************
            欢迎进入菜单查询系统

        查询汉堡类菜单请输入:1
        查询小食类菜单请输入:2
        查询饮料类菜单请输入:3
        若不进行任何查询操作,则请输入:0
*******************************************

请选择需要进行操作的对应数字:1
您选择的菜单详情:
【香辣鸡腿堡 15.00 元　劲脆鸡腿堡 15.00 元　新奥尔良烤鸡腿堡 16.00 元　半鸡半虾堡 20.00 元】
请选择需要进行操作的对应数字:3
您选择的菜单详情:
【可口可乐 7.00 元　九珍果汁 15.00 元　经典咖啡 15.00 元　雪碧 7.00 元】
请选择需要进行操作的对应数字:0
【您已退出,感谢您的使用!】
```

　　首先,输出简易欢迎界面,提示用户可进行的操作；然后,将菜单信息依次以字符串类型存储成元组元素,元组元素的索引值分别是 0、1、2、3,刚好与菜单的查询系统输入的操作数一致；最后,将 while 循环的条件设置为 True,即条件永远成立,所以循环体加入了分支结构,当输入 0 时,触发 break,跳出循环,退出系统,否则输出 menu[number]。例如,输入 1 时输出的数据是 menu[1],对应的就是汉堡类菜单的详情。

## 5.4 字典

本节主要介绍字典类型。字典属于可变数据类型,所以可以进行增、删、改、查的操作。另外,字典不同于列表或元组等数据类型,它的元素是以键值对(key:value)的形式存在的。就好比用《新华字典》查汉字一样,通过拼音或者偏旁部首查找对应汉字,Python 中的字典元素则是通过每一个键值对中的键来查找对应的值。字典键值对具有独特的数据形式,特点如下:

(1)键必须是唯一的,但值是可以重复的。

(2)键的类型只能是不可变数据类型(字符串、数字和元组),值可以是任何其他数据类型。

(3)字典键值对是无序的,需要用键来查找值。

### 5.4.1 字典的创建

(1)通过一对花括号({})可以创建字典,括号内部元素由键值对组成,键值对之间用逗号隔开,键值对内部用冒号分割成键和值,示例如下:

```
dict1 = {}
dict2 = {'A': 65, 'B': 66, 'C': 67}
dict3 = {'001':["小李",100], {'002':["小梁",98], {'003':["小江",98]}
```

(2)通过 dict()函数也可以创建字典,通常是将列表或元组转换为字典类型。需要注意的是,列表和元组内部的每个元素需要成对出现。也可以直接通过赋值表达式形式进行字典的创建,示例如下:

```
dict4 = dict((('a', 97), ('b', 98)))        # 将元组转换成字典
dict5 = dict([("小赵", 18), ["小钱", 19]])    # 将列表转换成字典
dict6 = dict(a = 97, b = 98, c = 99)         # 赋值表达式的形式创建字典
```

### 5.4.2 字典的操作

(1)查找操作。查找、访问字典中的值通常需要通过键来实现,也可以通过 get()方法进行查询,代码如例 5-15 所示。

【例 5-15】 字典的查找操作的代码示例。

```
employee_infos = {"001": ["王一", 10000],
                  "002": ["李二", 5200],
                  "003": ["张三", 4700],
                  "004": ["赵四", 3860],
                  "005": ["伍佰", 1200],
                  "006": ["六子", 8500]}
print(employee_infos["001"])
dict_get1 = employee_infos.get("007", "此键不存在")
dict_get2 = employee_infos.get("006", "此键不存在")
print(dict_get1)
print(dict_get2)
```

输出结果如下：

```
['王一', 10000]
此键不存在
['六子', 8500]
```

（2）增加操作。第一，可以直接通过赋值的方法；第二，可以通过 update()方法，代码如例 5-16 所示。

【例 5-16】 字典的增加操作的代码示例。

```
employee_infos["007"] = ["小红",6000]
employee_infos.update({"008":["小李", 7000], "009":["小丽", 6800]})
print(employee_infos)
```

输出结果如下：

```
{'001': ['王一', 10000], '002': ['李二', 5200], '003': ['张三', 4700],
 '004': ['赵四', 3860], '005': ['伍佰', 1200], '006': ['六子', 8500],
 '007': ['小红', 6000], '008': ['小李', 7000], '009': ['小丽', 6800]}
```

（3）删除操作。第一，可以通过关键字 del 来进行删除操作；第二，可以通过 pop()方法进行删除操作，代码如例 5-17 所示。

【例 5-17】 字典的删除操作的代码示例。

```
del employee_infos["006"]
employee_infos.pop("007")
print(employee_infos)
```

输出结果如下：

```
{'001': ['王一', 10000], '002': ['李二', 5200], '003': ['张三', 4700],
 '004': ['赵四', 3860], '005': ['伍佰', 1200], '008': ['小李', 7000], '009': ['小丽', 6800]}
```

（4）修改操作。直接通过赋值的方式修改，代码如例 5-18 所示。

【例 5-18】 字典的修改操作的代码示例。

```
employee_infos["001"] = ["王一一",11000]
print(employee_infos["001"])
employee_infos["001"][1] = 12000
print(employee_infos["001"])
```

输出结果如下：

```
['王一一', 11000]
['王一一', 12000]
```

Python 中包含的字典操作方法，如表 5-6 所示。

表 5-6 Python 中包含的字典操作方法

| 序 号 | 方法及描述 |
|---|---|
| 1 | dict.clear()<br>删除字典内所有元素 |
| 2 | dict.copy()<br>返回一个字典的浅复制 |
| 3 | dict.get(key,default=None)<br>返回指定键的值,如果键不在字典中返回 default 设置的默认值 |
| 4 | dict.items()<br>返回包含字典所有键值元组对的可迭代对象,可以使用 list() 来转换为列表 |
| 5 | dict.keys()<br>返回包含字典所有的键的可迭代对象,可以使用 list() 来转换为列表 |
| 6 | dict.values()<br>返回包含字典所有的值的可迭代对象,可以使用 list() 来转换为列表 |
| 7 | dict.update(dict2)<br>把字典 dict2 的键值对更新到 dict 里 |
| 8 | dict.pop(key[,default])<br>删除字典给定键 key 所对应的值,返回值为被删除的值。key 值必须给出,否则返回 default 值 |

## 5.4.3 字典的综合应用案例

字典的综合应用案例——学生信息表。

学生信息如表 5-7 所示。

表 5-7 学生信息

| 学 生 姓 名 | 年龄/岁 | Python/分 | 大数据/分 |
|---|---|---|---|
| 赵哈哈 | 18 | 100 | 99 |
| 钱呵呵 | 18 | 93 | 89 |
| 孙嘿嘿 | 19 | 89 | 92 |
| 李嘻嘻 | 17 | 100 | 100 |
| 周哇哇 | 38 | 0 | 0 |

代码如例 5-19 所示。

【例 5-19】 字典的综合应用。

(1) 使用嵌套字典存储学生信息,代码示例如下。

```python
dict_1 = {
    "200601": {"name": "赵哈哈", "age": 18, "score": [100, 99]},
    "200602": {"name": "钱呵呵", "age": 18, "score": [93, 89]},
    "200603": {"name": "孙嘿嘿", "age": 19, "score": [89, 92]},
    "123456": {"name": "周哇哇", "age": 38, "score": [0, 0]}
}
```

(2) 查找学生信息。

① 查找赵哈哈的年龄,代码示例如下。

```
stu1_age = dict_1["200601"]["age"]
print("赵哈哈的年龄是{}岁".format(stu1_age))
```

② 查找赵哈哈的 Python 成绩，代码示例如下。

```
stu1_python = dict_1["200601"]["score"][1]
print("赵哈哈的 python 成绩是{}分".format(stu1_python))
```

③ 增加学生信息。学生姓名：李嘻嘻，年龄：17，Python 成绩：100，大数据成绩：100。代码示例如下。

```
dict_1["200604"] = {"name": "李嘻嘻", "age": 17, "score": [100, 100]}
print(dict_1)                      # 使用 update()方法也可以
```

（3）删除学生信息。
① 删除周哇哇的所有信息，代码示例如下。

```
# 两种删除方式任选其一即可
del dict_1["123456"]               # del 关键字删除
dict_1.pop("123456")               # pop()方法删除传入键即可
```

② 删除赵哈哈的所有分数，代码示例如下。

```
dict_1["200601"].pop("score")
```

③ 删除钱呵呵的 Python 成绩，代码示例如下。
注意需要删除的数据的数据类型，此处为列表所以列表的删除方法都可以使用，示例如下：

```
dict_1["200602"]["score"].pop(0)
del dict_1["200602"]["score"][0]
```

（4）修改学生信息。
① 将赵哈哈年龄改成 20，代码示例如下。

```
dict_1["200601"]["age"] = 20
```

② 将李嘻嘻的大数据成绩减少 2 分，代码示例如下。

```
dict_1["200604"]["score"][1] - = 2
```

## 5.5 集合

Python 中的集合类型跟高中数学中的集合有很多相似的特征，在学习集合类型时可以进行对比学习。集合类型可以细分为可变集合(set)和不可变集合(frozenset)，一般没有特别强调时，介绍的都是可变集合，所以也会有对应的增、删、改、查操作。而集合的特征如下：
（1）集合中的元素是无序的。

（2）集合中的元素是唯一的、不重复的。可以利用集合的这一特性进行去重操作。

（3）集合的元素必须是不可变数据类型，即数字、字符串和元组组成。

## 5.5.1 集合的创建

（1）通过一对花括号可以创建集合，集合元素用逗号进行分割。但是需要特别注意，空集合不能用"{}"来创建，因为"{}"创建出来的是空字典。示例如下：

```
set1 = {100, 'word', 10.5, True}
```

（2）通过 set() 函数也可以创建集合，空集合就需要用 set() 函数来进行创建。示例如下：

```
set_one = set('tuple')
set_two = set((13, 15, 17, 19))
frozenset()用于创建不可变集合
```

## 5.5.2 集合的操作

（1）增加操作。第一，可以使用 add() 方法增加一个集合元素；第二，可以使用 update() 方法增加多个集合元素，代码如例 5-20 所示。

【例 5-20】 集合的增加操作代码示例。

```
food = {"鱼香肉丝","米饭","鱼香肉丝","水煮牛肉","米饭","葱爆羊肉","蛋炒饭"}
new_food = {"番茄炒蛋","小鸡炖蘑菇"}
food.add("土豆丝")
food.update(new_food)
print("a店当日销售的菜品种类:")
print(food)
```

输出结果如下：

```
a店当日销售的菜品种类:
{'水煮牛肉', '土豆丝', '葱爆羊肉', '蛋炒饭', '小鸡炖蘑菇', '鱼香肉丝', '米饭', '番茄炒蛋'}
```

（2）删除操作。第一，可以使用 remove() 方法删除指定元素；第二，可以使用 discard() 方法删除指定元素；第三，可以使用 pop() 方法随机删除某个元素，代码如例 5-21 所示。

【例 5-21】 集合的删除操作代码示例。

```
food.remove("米饭")          # 删除不存在集合元素,会报错
food.discard("米饭")         # 删除不存在集合元素,不会报错
food.pop()                   # 随机删除
print(food)
food.clear()                 # 清空
print(foid)
```

输出结果如下：

```
{'水煮牛肉', '蛋炒饭', '葱爆羊肉', '鱼香肉丝', '土豆丝', '小鸡炖蘑菇'}
set()                        # 空集合
```

### 5.5.3 集合的运算

高中数学中的集合有交集、并集等集合的运算，而 Python
中的集合类型也有相应的运算。接下来一一介绍。

（1）交集运算，符号是 &，对应方法是 intersection()。交
集的维恩图如图 5-5 所示。

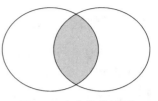

两个集合的交集运算，得到的结果是两个集合共有的集
合元素组成的集合，代码如例 5-22 所示。

**图 5-5　交集的维恩图**

【**例 5-22**】　集合的交集操作的代码示例。

```
set1 = {'太阳','地球', '金星','火星', '土星'}
set2 = {'木星','地球','火星','水星'}
print(set1 & set2)              # 使用符号 & 获取交集
print(set1.intersection(set2))  # 使用集合方法 intersection()方法获取交集
```

输出结果如下：

```
{'火星', '地球'}
{'火星', '地球'}
```

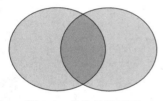

**图 5-6　并集的维恩图**

（2）并集运算，符号是 |，对应方法是 union()。并集的维
恩图如图 5-6 所示。

两个集合的并集运算，得到的结果是两个集合所有的集
合元素组成的集合。因为集合元素的唯一性，所以相同的元
素会自动去重，代码如例 5-23 所示。

【**例 5-23**】　集合的并集操作的代码示例。

```
set1 = {'太阳','地球', '金星','火星', '土星'}
set2 = {'木星','地球','火星','水星'}
print(set1|set2)         # 使用符号|获取并集
print(set1.union(set2))  # 使用集合方法 union()获取并集
```

输出结果如下：

```
{'金星', '地球', '土星', '木星', '火星', '太阳', '水星'}
{'金星', '地球', '土星', '木星', '火星', '太阳', '水星'}
```

（3）差集运算，符号是 －，对应方法是 difference()。差
集的维恩图如图 5-7 所示。

两个集合的差集运算。例如，set1－set2 得到的结果是
set1 相对于 set2 独有的集合元素组成的集合，代码如例 5-24
所示。

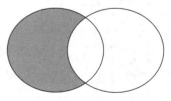

**图 5-7　差集的维恩图**

【**例 5-24**】　集合的差集操作的代码示例。

```
set1 = {'太阳','地球', '金星','火星', '土星'}
set2 = {'木星','地球','火星','水星'}
```

```
print(set1 - set2)                    # 使用 - 来获取差集
print(set2.difference(set1))          # 使用集合方法 difference()获取差集
```

输出结果如下：

```
{'金星', '太阳', '土星'}              # set1 对 set2 的差集
{'木星', '水星'}                      # set2 对 set1 的差集
```

（4）异或集运算，符号是^，对应方法是 symmetric_difference()。异或集的维恩图如图 5-8 所示。

两个集合的异或集（又被称为对称补集）运算，得到的结果是 set1 和 set2 各自独有的集合元素共同组成的集合，代码如例 5-25 所示。

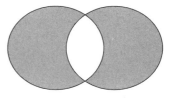

图 5-8　异或集的维恩图

【例 5-25】　集合的异或集操作的代码示例。

```
set1 = {'太阳','地球', '金星','火星', '土星'}
set2 = {'木星','地球','火星','水星'}
print(set1^set2)                              # 获取异或集
print(set1.symmetric_difference(set2))        # 使用集合方法 symmetric_difference()获取异或集
```

输出结果如下：

```
{'太阳', '土星', '木星', '金星', '水星'}
{'太阳', '土星', '木星', '金星', '水星'}
```

另外，高中数学中有子集、真子集的概念，而 Python 中也有相应的运算符和方法来进行判断。

（1）运用比较运算符＜和＜＝来判断真子集和子集。例如，有集合 A、B，若 A<B，则是判断 A 集合中所有元素是否都包含在 B 集合中，不包括 A、B 集合相等情况；若 A<＝B，则是判断 A 集合中所有元素是否都包含在 B 集合中，包括 A、B 集合相等情况，代码如例 5-26 所示。

【例 5-26】　集合的子集和真子集操作的代码示例。

```
set1 = {"武汉", "长沙", "郑州", "南昌", "北京"}
set2 = {"武汉", "长沙", "南昌", "北京"}
print(set1.issubset(set2))               # 子集对应方法
print(set1 <= set2)                      # 子集对应运算符
print(set1 < set2)                       # 真子集
```

输出结果如下：

```
False
False
False
```

（2）运用比较运算符＞和＞＝来判断真超集和超集。例如，有集合 A、B，若 A>B，则是判断 A 集合是否包含所有 B 集合的元素，不包括 A、B 集合相等情况；若 A＞＝B，则是判断 A 集合是否包含所有 B 集合的元素，包括 A、B 集合相等情况，代码如例 5-27 所示。

【例 5-27】　集合的超集和真超集操作的代码示例。

```
set1 = {"武汉", "长沙", "郑州", "南昌", "北京"}
set2 = {"武汉", "长沙", "南昌", "北京"}
print(set1.issuperset(set2))              ♯ 超集对应方法
print(set1 >= set2)                       ♯ 超集对应运算符
print(set1 > set2)                        ♯ 真超集
```

输出结果如下：

```
True
True
True
```

Python 中集合的相关操作方法，如表 5-8 所示。

表 5-8　集合的操作方法

| 方　　法 | 描　　述 |
|---|---|
| Set.add() | 给集合添加一个元素 |
| Set.update() | 给集合添加多个元素 |
| Set.discard() | 删除集合中指定的元素 |
| Set.pop() | 随机删除元素 |
| Set.remove() | 删除指定元素 |
| Set.clear() | 删除集合中的所有元素 |
| Set1.union(Set2) | 返回集合 Set1 和 Set2 的并集 |
| Set1.intersection(Set2) | 返回集合 Set1 和 Set2 的交集 |
| Set1.difference(Set2) | 返回集合 Set1 和 Set2 的差集 |
| Set1.symmetric_difference(Set2) | 返回两个集合中不重复的元素集合，即异或集 |
| Set1.isdisjoint(Set2) | 判断两个集合是否包含相同的元素，如果没有返回 True，否则返回 False |
| Set.copy() | 复制一个集合 |
| Set1.issubset(Set2) | 判断指定集合是否为该方法参数集合的子集 |
| Set1.issuperset(Set2) | 判断该方法的参数集合是否为指定集合的超集 |

## 5.5.4　集合的综合应用案例

下面介绍集合的综合应用案例——最大公约数和最小公倍数。

最大公约数，也称为最大公因数、最大公因子，指两个或多个整数共有约数中最大的一个约数。

两个或多个整数公有的倍数叫作它们的公倍数，其中除 0 以外最小的一个公倍数就叫作这几个整数的最小公倍数。

求最大公约数有多种方法，常见的有质因数分解法、短除法、辗转相除法、更相减损法。数学定理已经证明两个数的最大公约数与最小公倍数的乘积等于这两个数的乘积。本案例中则不适合采用常规的算法来求解最大公约数和最小公倍数，而是运用集合的相关操作实现。

这里给定的两个数为 24 和 36,获取两个给定数的最大公约数和最小公倍数,并分别提取出它们各自独有的约数和倍数集合。实现如下功能。

(1) 创建 24 和 36 的约数和倍数集合。

(2) 24 的约数集合{1,2,3,4,6,8,12,24},36 的约数集合{1,2,3,4,6,9,12,18,36}。

(3) 各自的倍数集合分别只取到 5 倍,如 24 的倍数集合{24,48,72,96,120}。

(4) 运用 Python 中的交集运算求出 24 和 36 的最大公约数与最小公倍数集合。

(5) 运用 max()和 min()函数分别获取各集合中的最大值和最小值,即最大公约数和最小公倍数。

(6) 运用差集运算分别获取并输出 24 和 36 各自独有的约数集合。

代码如例 5-28 所示。

【例 5-28】 集合的差集操作的代码示例。

```python
yue_set1 = {1, 2, 3, 4, 6, 8, 12, 24}
yue_set2 = {1, 2, 3, 4, 6, 9, 12, 18, 36}
bei_set1 = {24, 48, 72, 96, 120}
bei_set2 = {36, 72, 108, 144, 180}

yue_intersection = yue_set1 & yue_set2        # 交集得到公约数
bei_intersection = bei_set1 & bei_set2        # 交集得到公倍数
Max = max(yue_intersection)                   # 最大公约数
Min = min(bei_intersection)                   # 最小公倍数

yue1_difference = yue_set1 - yue_set2
yue2_difference = yue_set2 - yue_set1
print(Max, Min, yue1_difference, yue2_difference)
```

输出结果如下:

```
12 72 {8, 24} {9, 18, 36}
```

## 5.6 实训案例

某次期末考试,有高等数学、Python 程序设计基础、数据库原理及应用、操作系统、大学英语 5 门课程。5 名学生的课程成绩保存在列表 score 中,数据如下:

```python
score = [['郭靖',92,89,94,78,85],
         ['杨过',89,91,78,98,80],
         ['令狐冲',98,87,70,88,90],
         ['张无忌',80,97,92,88,91],
         ['段誉',78,96,82,90,85]]
```

使用列表推导式分解 score 中的数据,请统计分析。

(1) 5 名学生各自的成绩总分和平均分。

(2) 每门课程的平均分。

(3) 找出总分最高的学生。

视频讲解

**1. 案例的实现思路**

采用列表推导式，使用索引与切片的方式提取列表元素。

**2. 案例参考代码**

```python
score = [['郭靖',92,89,94,78,85],
         ['杨过',89,91,78,98,80],
         ['令狐冲',98,87,70,88,90],
         ['张无忌',80,97,92,88,91],
         ['段誉',78,96,82,90,85]]
name = [x[0] for x in score]                    # 提取姓名
fenshu = [x[1:] for x in score]                 # 提取分数
print(name)
print(fenshu)
for i in range(len(score)):
    print(f'{name[i]}的成绩总分为:{sum(fenshu[i])}')        # 计算每人总分
    print(f'{name[i]}的成绩平均分为:{sum(fenshu[i])/len(fenshu[i])}')
                                # 通过总分除以课程门数得到学生个人平均分

course = ['高等数学','Python程序设计基础','数据库原理及应用','操作系统','大学英语']
for i in range(len(course)):
    s = [x[i] for x in fenshu]                  # 获取每门课的分数
    print(f'{course[i]}课程的平均分为{sum(s)/len(s)}')
                                # 总分除以学生人数得到课程平均分

namescore = [[x[0],sum(x[1:])] for x in score]  # 获取每个学生的名字及总分
print(namescore)
maxscore = max([x[1] for x in namescore])       # 获取最高总分
print('总分最高的学生有:')
print([x[0] for x in namescore if x[1] == maxscore])
                # 将分数等于最高总分的学生名字输出,结果为列表,可以显示多人都获最高分的情形
```

运行结果如图 5-9 所示。

```
E:\WorkSpace\pythonProject\.venv\Scripts\python.exe E:\WorkSpace\pythonProject\main.py
['郭靖', '杨过', '令狐冲', '张无忌', '段誉']
[[92, 89, 94, 78, 85], [89, 91, 78, 98, 80], [98, 87, 70, 88, 90], [80, 97, 92, 88, 91], [78, 96, 82, 90, 85]]
郭靖的成绩总分为:438
郭靖的成绩平均分为:87.6
杨过的成绩总分为:436
杨过的成绩平均分为:87.2
令狐冲的成绩总分为:433
令狐冲的成绩平均分为:86.6
张无忌的成绩总分为:448
张无忌的成绩平均分为:89.6
段誉的成绩总分为:431
段誉的成绩平均分为:86.2
高等数学课程的平均分为87.4
Python程序设计基础课程的平均分为92.0
数据库原理及应用课程的平均分为83.2
操作系统课程的平均分为88.4
大学英语课程的平均分为86.2
[['郭靖', 438], ['杨过', 436], ['令狐冲', 433], ['张无忌', 448], ['段誉', 431]]
总分最高的学生有:
['张无忌']

Process finished with exit code 0
```

图 5-9　运行结果

## 本章小结

本章首先介绍了复合数据类型的三种分类,其中列表和元组属于序列类型,字典属于映射类型,集合属于集合类型;然后介绍可变数据类型和不可变数据类型的定义;最后分别介绍复合数据类型(列表、元组、字典和集合类型)的操作方法、相应的运算和应用。

## 习题

### 一、填空题

1. 内置函数_____可创建一个列表。

2. 可通过_____或_____两种方式访问 Python 中列表的元素。

3. 内置函数_____可创建一个元组。

4. 字典元素包含_____和_____。

5. 查看字典键的集合可以通过 Python 的内置方法_____。

6. 调用 items()方法可以查看字典中的所有_____。

### 二、判断题

1. 列表只能存储同一类型的数据。 ( )

2. 列表的索引从 1 开始。 ( )

3. 元组具有增加、删除和修改元素的操作。 ( )

4. 集合中的元素是无序的。 ( )

5. 字典中的键是唯一的。 ( )

6. 可通过索引方式访问字典中的元素。 ( )

### 三、选择题

1. 下列方法中,可以对列表元素排序的是( )。

    A. max()      B. reverse()      C. sort()      D. list()

2. 阅读下面的程序:

```
li_one = [3, 1, 5, 7]
print(sorted(li_one[:2]))
```

运行程序,输出结果是( )。

    A. [1,3]      B. [3,1]      C. [1,3,5,7]      D. [7,5,3,1]

3. 下列方法中,默认删除列表最后一个元素的是( )。

    A. del      B. pop()      C. remove()      D. extend()

4. 阅读下面程序:

```
lan_info = {'01': 'Python', '02': 'Java', '03': 'PHP'}
lan_info.update({'03': 'C++'})
print(lan_info)
```

运行程序,输出结果是(　　)。

    A. {'01': 'Python', '02': 'Java', '03': 'PHP'}

    B. {'01': 'Python', '02': 'Java', '03': 'C++'}

    C. {'03': 'C++','01': 'Python', '02': 'Java'}

    D. {'01': 'Python', '02': 'Java'}

5. 阅读下面程序：

```
set_01 = {'3', '1', '2', '3'}
set_01.add('5')
print(len(set_01))
```

运行程序,输出结果是(　　)。

    A. 5　　　　　　　　B. 3　　　　　　　　C. 4　　　　　　　　D. 2

**四、简答题**

1. 列举 Python 中常用的组合数据类型,并说明它们的异同点。

2. 删除字典元素有哪几种方式?

**五、编程题**

1. 已知列表 li_num1＝[4,5,2,7]和 li_num2＝[3,6],请将这两个列表合并为一个列表,并将合并后的列表中的元素按降序排列。

2. 已知元组 tu_num1＝('p','y','t',['o','n']),请向元组的最后一个列表中添加新元素"h"。

3. 已知字符串 str＝'pythonpycharm',请统计该字符串中各字母出现的次数。

4. 已知列表 li_one＝[0,2,1,2,3,5,4,3,5,7,4,6,7],编写程序实现删除列表 li_one 中重复数据的功能。

案例导读

第 **6** 章

# 函　　数

**学习目标**

➢ 理解函数概念,掌握函数的定义、调用方法和函数返回值。

➢ 掌握函数不同类型的参数用法。

➢ 掌握局部变量和全局变量的区别与用法。

➢ 掌握匿名函数以及递归函数的用法。

➢ 掌握迭代器和生成器的概念及使用。

在实际开发过程中，发现很多特定的功能被反复应用，最开始需要程序员重复地写相同的代码，这样不仅让程序出现大量冗余，而且降低了开发效率，所以引入了函数的机制来解决此类问题。本章主要讲述 Python 中函数的相关内容。

## 6.1 函数概述

函数是已组织好的、可以重复使用的，用来实现单一或相关联功能的代码块。在开发过程中，如果碰到某段代码逻辑被频繁使用，可以考虑将这些代码抽象成为一个函数，这样既提高代码的重用性，又使整体代码结构变得更加清晰，可读性更强。

在之前的学习中，已经接触过不少函数，如最常用的输入函数 input() 和输出函数 print()，还有求长度的 len() 函数、求最大值的 max() 函数等。这一类函数可以将之归类为系统的内置函数，可以直接使用；而另一类函数是自定义函数，是由编程人员根据实际需求，定义的具有特定功能的一段逻辑代码。本章的重点是介绍函数的定义和调用、函数的参数以及返回值的用法。

## 6.2 函数基础语法

函数需要先被定义，然后再通过函数的调用语句，才能够正常运行，接下来介绍定义函数以及函数调用的语法规则和注意事项。

### 6.2.1 函数的定义

Python 中需要用关键字 def 来定义函数，基本的格式如下：

```
def 函数名([参数列表]):
    ['''文档字符串''']
    函数体
    [return 语句]
```

基于上述格式，对于函数定义的语法介绍如下。

（1）关键字 def：用来定义函数的关键字，标识函数定义的开始。

（2）函数名：命名必须遵循标识符的命名规范。另外，命名要做到见名知义，并且跟其他变量名、函数名等不能同名。

（3）参数列表：定义函数时，函数名后面必须跟一对圆括号"()"，而括号里面可以有 0 个、1 个或多个参数，参数之间用逗号隔开。根据参数的有、无，函数可分为有参函数和无参函数。

（4）冒号"："：定义函数时不能省略，代表函数体的开始。

（5）文档字符串：用于说明函数实现的功能、参数的功能，可以写，也可以省略。

（6）函数体：实现函数功能的代码段，需要缩进。

（7）return 语句：代表函数结束，作用是将函数的处理结果返回给调用方。根据 return 语句的有、无，可以将函数分为有返回值函数和无返回值函数。

定义函数时，函数名后的圆括号内部参数是形式参数，简称为形参，作用是接收调用函数时传递过来的实际数据。

需要注意的是,形参变量只有在该函数被调用时才会被分配内存空间,当调用结束,也就是函数运行结束之后,此内存空间就会立刻被释放掉,因此,形参只在函数体内部有效,形参也是局部变量。后续章节会详细阐述局部变量的概念。

接下来定义一个简单的求和函数,示例如下:

```
def get_sum(x, y):
    result = x + y
    return result
```

以上定义的是一个简单的求和函数 get_sum(),接收两个数据分别存放到形参 x 和形参 y 中,求和之后利用 return 将和返回到调用处。

## 6.2.2 函数的调用

函数定义完成后不会直接运行,只有在被调用后才会运行。而调用函数的格式很简单,基本格式如下:

```
函数名(参数1, 参数2, …)
```

上述调用过程中的参数,存放的是实际需要处理的数据,所以这些参数叫实际参数,简称实参。实参的形式可以是常量、变量、表达式或是有返回值的函数调用语句等。

若要调用 6.2.1 节的 get_sum()求和函数,代码如下:

```
get_sum(23, 76)
```

其中 23 和 76 就是实参,将被分别传递给形参 x 和 y。整个运行过程分为如下步骤。

(1)程序运行到函数调用处,先暂停。

(2)将实参传递给形参。

(3)执行函数体的语句后,函数结束。

(4)程序返回到调用处,若有返回值会将返回值一并返回调用处,并继续执行后面语句,代码如例 6-1 所示。

【例 6-1】 函数的定义和调用的代码示例。

```
def get_sum(x, y):
    result = x + y
    return result
res = get_sum(23, 76)
print("求和结果是:{}".format(res))
```

输出结果如下:

```
求和结果是:99
```

上述程序运行过程:Python 解释器读取前 3 行之后,先将函数名和函数体存储在内存空间中,但不会执行;然后继续往后到第 4 行代码 res = get_sum(23,76),等号右侧进行了函数调用,所以先在此处暂停,将两个实参 23 和 76 传递给形参 x 和 y,函数体求和之后,结束函数运行,并将结果返回给调用处,然后继续运行,将返回值 99 赋值给 res,最终运行 print()函数,输出结果。整个运行过程,如图 6-1 所示。

图 6-1　函数执行流程

### 6.2.3　函数返回值

在很多函数的开发过程中,函数的处理结果需要返回到调用处,然后程序再进一步地处理。这个处理的结果就是函数返回值。

函数中使用关键字 return 来进行值的返回,return 语句对于函数不是必需的,所以根据有无 return 语句,也就是有、无返回值,将函数可分为有返函数和无返函数。若函数体内部执行了 return 语句后,意味着函数结束,return 后面的语句不会再执行,代码如例 6-2 和例 6-3 所示。

【例 6-2】　无返回值函数的定义与使用的代码示例。

```python
# 没有返回值的函数的定义与使用
def sample_no():
        print('hello python')
sample_no()                # 调用没有返回值函数
```

输出结果如下:

```
hello python
```

一般没有返回值的函数调用语句"sample_no()",仅仅起到运行函数体的作用,其他的操作一般没有意义。例如,result = sample_no(),将没有返回值的函数调用语句赋给某个变量,因为没有任何函数结果被返回,所以没有任何值赋给 result,所以 Python 遇到这种情况会给 result 赋值 None。None 是代表空的关键字。

【例 6-3】　有返回值函数的定义与使用的代码示例。

```python
# 有返回值的函数的定义与使用
def sample_yes():
    return 'hello python'
string = sample_yes()
print(string)
print(sample_yes().upper())
```

输出结果如下:

```
hello python
HELLO PYTHON
```

调用有返回值的函数"sample_yes()",可以将函数调用赋值给 string,即 string = sample_yes(),那么 string 中存储的便是函数的返回值,后续程序可以继续对返回值进行处理。除此之外,有返回值的函数调用语句还可以调用对应的方法,如 sample_yes().upper(),等效于'hello python'.upper()。还可以把函数调用作为实参传递给其他函数。总之,函数设置返回值之后,程序便可以用各种方式对返回值进行操作,更加有效、灵活。

## 6.3　函数的参数

函数的参数这里指的是定义函数时,定义的形参。形参用来接收实参传递过来的数据,Python 中函数的形参可以分为位置参数、关键字参数、默认参数和不定长参数,其中不定长参数分为包裹位置参数和包裹关键字参数。本节将主要讲解这四类参数的使用方法。

### 6.3.1　位置参数

#### 1. 位置参数的定义和运用

将参数设置成位置参数时,需要注意两点:一是顺序一致,将实参传递给形参时按照顺序依次传递;二是数量,在调用函数时,传递的实参数量必须和定义的形参数量一致。

位置参数定义和运用参考示例如下:

```
def func_name(arg1,arg2,arg3):          # 位置参数定义
    print(arg1,arg2,arg3)
func_name(value1,value2,value3)         # 函数调用,传递实参
```

语法说明如下。

(1) 定义函数时,arg1、arg2、arg3 是位置参数。

(2) 调用函数时,将 value1、value2、value3 作为参数传入函数中,对应的位置是 arg1、arg2、arg3。

#### 2. 位置参数应用案例——月份天数计算器

月是历法中的一种时间单位,传统上都是以月相变化的周期作为一个月的长度,一个月(太阴月)的长度大约是 29.53 日,即一轮"朔望月"。在旧石器时代的早期,人类就已经会依据月相来计算日子。迄今,朔望月仍是许多历法的基石。一年分为 12 个月;中国农历一年也为 12 个月,农历的闰年为 13 个月,多出的一个月称为闰月。

月份来源于《山海经》中的"常羲生月"传说。《山海经》记载,帝俊有两位妻子,羲和与常羲。羲和生日,常羲生月,所以常羲也被称为月母。其实羲和与常羲同为制定历法的官职。《世本》中记载,黄帝为了制定历法,让"羲和占日,常仪占月",常仪就是常羲,占月就是观测月亮的晦朔弦望的周期,这就是"常羲生十二月"的来历。

智慧的中国人民早已将月份天数的规律总结成了口诀,口诀如下:

一三五七八十腊,

三十一天永不差。

四六九冬三十日,

平年二月二十八,

闰年二月把一加。

用函数的方式将月份的天数计算出来，总体需求是根据输入的年份和月份，然后根据对应年、月的规律，进行天数返回即可。

（1）根据月份的天数特征将月份分为三类。

30 天的月份是：4、6、9 和 11。

31 天的月份是：1、3、5、7、8、10 和 12。

28 天或 29 天的月份是：2。

（2）以上三类用多分支解决，在 2 月份中嵌套双分支，用闰年的判断方式，判断返回 28 或者 29。

代码如例 6-4 所示。

**【例 6-4】** 位置参数的使用代码示例。

```python
def get_days_in_month(year,month):
    if month in [4, 6, 9, 11]:
        return 30
    elif month in [1, 3, 5, 7, 8, 10, 12]:
        return 31
    else:
        if (year % 4 == 0 and year % 100 != 0) or year % 400 == 0:
            return 29
        else:
            return 28

year = int(input("请输入年份:"))
month = int(input("请输入月份:"))
days = get_days_in_month(year,month)
print("{}年{}月有{}天".format(year, month, days))
```

输出结果如下：

```
请输入年份:2021
请输入月份:9
2021 年 9 月有 30 天
```

使用成员运算符 in 判断输入的月份是 30 天还是 31 天，若是 2 月份，再运用闰年的判断条件，年份能整除 4 但是不能整除 100（判断语句为"year％4＝＝0 and year％100!＝0"），或年份能整除 400（判断语句为"year％400＝＝0"），则是闰年，也就是 29 天，否则为 28 天。

## 6.3.2 关键字参数

### 1. 关键字参数的定义和运用

在实际开发中，可能会碰到参数过多的情况，因为每一个参数在函数体中产生的作用是不一样的，所以如果利用位置参数传递数据，可能会因为实参和形参顺序不一致而导致最后程序出现错误。所以可以使用关键字参数，通过"形参名＝实参"的方式将两者联系起来，这样函数在接收数据时，就会根据形参名来进行数据传递。总的来说，关键字参数在进行数据传递时，顺序可以不一致。

关键字参数的定义和运用参考示例如下：

```
def func_name(arg1,arg2,arg3):                        # 跟位置参数定义一样
    print(arg1,arg2,arg3)
func_name(arg1 = value1,arg3 = value2,arg2 = value3)  # 传递实参时写上对应的形参名
```

语法说明如下。

（1）调用函数时，直接通过赋值运算符将实参传递给对应形参。

（2）关键字参数与位置参数定义方式一模一样，只是关键字参数传递参数时可以不用按照顺序进行传递。

**2. 关键字参数案例——计算景区游客平均访问量**

随着生活水平的日益提高，人们对于休闲娱乐方面的要求也越来越高。据统计，当下最受欢迎的旅游景区有西湖、布达拉宫、张家界、万里长城、鼓浪屿、桂林山水、九寨沟、黄山、三亚和丽江等。

评估一个景区的火热程度，其中游客访问量是一个非常重要的指标。假如现有某景区月访客量如表 6-1 所示。

表 6-1　某景区月访客量

| 月　份 | 1 | 2 | 3 | 4 | 5 | 6 | 7 | 8 | 9 | 10 | 11 | 12 |
|---|---|---|---|---|---|---|---|---|---|---|---|---|
| 访客量/人次 | 2000 | 3880 | 6870 | 7880 | 8670 | 8880 | 19000 | 20000 | 3780 | 5890 | 2340 | 2310 |

现在需求如下。

（1）使用关键字参数的方式给 start、end 传递参数，表示起始月、结束月。

（2）函数中，定义一个列表存储所有的访客量。

（3）将月份作为参数传入函数，计算任意连续月份的平均访客量。

代码如例 6-5 所示。

【例 6-5】　使用关键字参数的代码示例。

```
def start_to_end_avg(start, end):
    # 使用列表保存景区每月的访客量,注意 1—12 月对应索引为 0~11
    visits = [2000, 3880, 6870, 7880, 8670, 8880, 19000, 20000, 3780, 5890, 2340, 2310]
    num = 0
    # 使用 for 循环累加计算总访客量
    for month in range(start - 1,end):              # 列表索引值从 0 开始,所以是 start - 1
        num += visits[month]
    avg = int(num / (end - start + 1))
    return avg


start_month = int(input("请输入起始月份:"))
end_month = int(input("请输入结束月份:"))
avg_num = start_to_end_avg(end = end_month, start = start_month)
print("{}月份到{}月份的平均访客量是{}人次".format(start_month, end_month, avg_num))
```

输出结果如下：

```
请输入起始月份:3
请输入结束月份:8
3 月份到 8 月份的平均访客量是 11883 人次
```

### 6.3.3 默认参数

**1. 默认参数的定义和运用**

Python 允许在定义函数时,给参数先设置一个默认值,这样的参数被称为默认参数。设置好默认值之后,在调用函数时,若没有更改默认参数的值,则函数运行中会直接使用默认值;若更改了参数的默认值,则函数运行中会使用新的赋值。

默认参数的定义和运用参考示例如下:

```
def func_name(arg1 = value1,arg3 = value2,arg2 = value3):  # 可以设置 0 个或多个默认参数
    print(arg1,arg2,arg3)
func_name()                                      # 可根据需求决定是否修改默认参数的值
```

语法说明如下。

(1)定义函数时,可以设置参数的初始默认值。

(2)默认参数可以不传递实参,若不传递新的参数值,则使用默认值;若传递新的参数值,则使用传递的新参数值。

**2. 默认参数案例**

继续沿用关键字参数的景区访客量的案例,现在需求如下。

(1)设置结束月份 end 默认值为 12。

(2)给 end 传递不同月份,测试默认参数的使用特征。

代码如例 6-6 所示。

**【例 6-6】** 使用默认参数的代码示例。

```
def start_to_end_avg(start, end = 12):
    # 使用列表保存景区每月的访客量
    visits = [2000, 3880, 6870, 7880, 8670, 8880, 19000, 20000, 3780, 5890, 2340, 2310]
    num = 0
    # 使用 for 循环累加计算总访客量
    for month in range(start - 1,end):
        num += visits[month]
    avg = int(num / (end - start + 1))
    return avg
avg1 = start_to_end_avg(6)                        # 6—12 月
avg2 = start_to_end_avg(start = 6,end = 12)       # 6—12 月
avg3 = start_to_end_avg(start = 1,end = 9)        # 1—9 月
print("avg1 = {}人次, avg2 = {}人次,avg3 = {}人次".format(avg1, avg2, avg3))
```

当未给 end 传递参数时,end 的值为默认值 12,所以 avg1 和 avg2 的值是相等的。当 avg3 中修改了 end 的默认值,则会按照新的 9 月份来进行计算。例 6-6 的代码输出结果如下:

```
avg1 = 8885 人次, avg2 = 8885 人次,avg3 = 8995 人次
```

### 6.3.4 不定长参数

不定长参数,顾名思义,就是参数的个数是不确定的。因为在开发过程中,某些场景中

无法先确定参数的个数,就可以使用不定长参数来解决。而不定长参数可以细分为两类:包裹位置参数和包裹关键字参数。

(1)包裹位置参数

如果函数中使用了包裹位置参数,则意味着函数可以接收不定数量的位置参数,而且实参传递给形参后,会以元组的形式存入形参当中。

语法格式如下:

```
def func_name( * args):
    函数体
```

需要注意的是,在定义包裹位置参数时一定要在参数名前添加 * 进行标识。参数名 args 是 Python 推荐的包裹位置参数规范命名,不建议修改成其他名字。定义完成后,再调用函数时,可以传递任意数量参数,最终会被存入元组。

使用景区访客量的案例,现在需求如下。

① 输入任意月份,并且月份可以不连续,计算出这些月份的平均访客量。

② 对传递的月份的数量不做限制。

代码如例 6-7 所示。

【例 6-7】 使用包裹位置参数的代码示例。

```
def specific_avg( * args):
    visits = [2000, 3880, 6870, 7880, 8670, 8880, 19000, 20000, 3780, 5890, 2340, 2310]
    num = 0
    for item in args:
        num += visits[item - 1]
    avg = num / len(args)
    print("{}月平均访客量是:{}人次".format(args, avg))
# 可根据实际需求求解任意月份平均访客量
specific_avg(1, 3, 9, 8, 7)
```

包裹位置参数 args 中存储的是一个元组,元组数据是(1,3,9,8,7)。而 for 循环一次提取是元组中的每一个月份元素,进行求和,并计算平均访客量,这样就可以实现求解任意月份的平均访客量,非常方便、灵活。

输出结果如下:

```
(1, 3, 9, 8, 7)月平均访客量是:10330.0人次
```

(2)包裹关键字参数

如果函数中使用了包裹关键字参数,则意味着函数可以接收不定长数量的关键字参数,而且实参传递给形参后,会以字典的形式存入形参当中。

语法格式如下:

```
def func_name( ** kwargs):
    函数体
```

需要注意的是,在定义包裹关键字参数时一定要在参数名前添加 ** 进行标识。参数名 kwargs 是 Python 推荐的包裹关键字参数规范命名,不建议修改成其他名字。定义完成后,

再调用函数时,可以传递任意数量参数,且注意实参应该是以"参数名=参数值"的方式进行传递,并且会存储成字典类型。

仍使用景区访客量的案例,现在需求如下。

① 使用包裹关键字参数定义函数。

② 计算上半年和下半年景区的平均访客量。

代码如例 6-8 所示。

【例 6-8】 包裹关键字的使用代码示例。

```python
def keyword_avg( ** kwargs):
    for key in kwargs:
        print(key + " avg is:")
        visits = kwargs[key]
        num = 0
        for item in visits:
            num += item
        avg = num / len(visits)
        print(str(int(avg)) + "人次")
keyword_avg(first_half_year = [2000,3880,6870,7880, 8670, 8880],
            second_half_year = [19000, 20000, 3780, 5890, 2340, 2310])
```

包裹关键字参数 kwargs 中存储的是一个字典,字典数据是:

```
{'first_half_year': [2000,3880,6870,7880, 8670, 8880]
'second_half_year': [19000,20000,3780,5890,2340,2310]}
```

而 for 循环的循环变量 key 每次取的都是字典的键,所以第一轮循环 visits 的值是 kwargs['first_half_year'],也就是列表[2000,3880,6870,7880,8670,8880];第二轮的值是 kwargs['second_half_year'],也就是列表[19000,20000,3780,5890,2340,2310]。所以最后求解的便是上半年和下半年景区的平均访客量。

输出结果如下:

```
first_half_year avg is:
6363 人次
second_half_year avg is:
8886 人次
```

### 6.3.5 混合参数

前面已介绍函数的各类参数,那么各类参数能否混合使用呢? 答案是肯定的。但是在各类参数混合使用过程中,需要注意参数的顺序,基本原则如下:

(1) 如果有位置参数,则一定要设置在最前面。

(2) 如果有包裹关键字参数,则要放在最后面;否则,会引发错误。

代码如例 6-9 和例 6-10 所示。

【例 6-9】 位置参数的位置设置代码示例。

```python
# 位置参数一定要放在最前面
def exp(x, y, * args):
```

```
    print('x:', x)
    print('y:', y)
    print('args:', args)
exp(1, 5, 66, 55, 'abc')
```

在例 6-9 中设置了两个位置参数、一个包裹位置参数。其中,需要注意的是,位置参数需要放在最前面;但是调用函数时传递了 5 个实参,按照参数的规则,会将前两个实参 1 和 5 分别按顺序传递给 x 和 y,剩下的 3 个实参以元组的形式即(66,55,'abc')存储在 args 当中。

输出结果如下:

```
x: 1
y: 5
args: (66, 55, 'abc')
```

【例 6-10】 包裹关键字参数的位置设置的代码示例。

```
# 包裹关键字参数放在最后面
def exp(x, y, * args, ** kwargs):
    print('x:', x)
    print('y:', y)
    print('args:', args)
    print('kwargs:', kwargs)
exp(1, 2, 2, 4, 6, a = 'c', b = 1, ss = 5)
```

例 6-10 中设置了两个位置参数、一个包裹位置参数和一个包裹关键字参数,其中需要注意的是,一旦参数中需要设置包裹关键字参数,它一定要放在最后面;调用函数时传递了 8 个实参,按照规则,前 2 个实参 1 和 2 会传递给位置参数 x 和 y,因为包裹位置参数和包裹关键字参数都可以接收任意数量的实参,所以后面 6 个参数,根据传递实参的形式可以区分出来,args 以元组的方式存储(2,4,6),后面的 3 个实参是以符合包裹关键字参数的方式传递参数,所以 kwargs 中以字典形式存储最后 3 个参数{'a':'c','b':1,'ss':5}。

输出结果如下:

```
x: 1
y: 2
args: (2, 4, 6)
kwargs: {'a': 'c', 'b': 1, 'ss': 5}
```

## 6.4 变量的作用域

在 Python 中,变量创建完成后并不是在任意位置都可以随意访问的,具体的访问权限取决于该变量定义的位置。变量能够被访问的范围就是变量的作用域。根据作用域的不同可以将变量分为局部变量和全局变量。

### 6.4.1 局部变量

局部变量指的是定义在函数内部的变量,其作用范围局限在函数内部,只能在函数内部使用，只有在函数运行期间才会被分配内存空间，函数结束后会马上被释放掉。它与函数外的同名变量没有任何关系。在不同的函数内部，变量名可以一样，它们之间不会相互影响，代码如例6-11所示。

【例6-11】 局部变量的代码示例。

```
def func():
    x = 6
    print(x)
func()
print(x)
```

运行程序报错，输出结果如下：

```
Traceback(most recent call last):                    # 函数外的 print(x)报错
    File "C:/Users/演示.py", line 5, in <module>
        print(x)
NameError: name 'x' is not defined
6                                                    # 函数内部的 print()函数打印的变量 x 的数据
```

例6-11中的程序打印了函数内部的x的值之后，打印错误信息，原因是第5行的变量x没有被定义，即函数内部的x是局部变量，函数外部无法使用。在函数运行结束后，函数内部的变量x的内存空间会被释放掉，第5行输出的变量x相当于一个没有定义过的变量，因此系统报错。

### 6.4.2  全局变量

全局变量指的是定义在函数外部的变量，其作用范围是整个程序，在整个程序运行期间都会分配内存空间。要特别注意，全局变量在函数内部可以被引用，但是全局变量的值不能直接被改变，代码如例6-12所示。

【例6-12】 全局变量的代码示例。

```
x = 5
def func():
    x = 6
    print(x)
func()
print(x)
```

输出结果如下：

```
6
5
```

从程序运行结果来看，函数内部打印的是局部变量，x的值是6，而函数外部打印的是全局变量，x的值为5。这两个变量虽然同名，但是分配的内存空间是不一样的。运行函数体时，输出的是函数体内部的局部变量x的值是6，当函数运行结束，系统会将函数内部局部变量x的内存空间释放掉，然后程序继续往下运行，再次输出的是全局变量x的值，也就是5。

以上是全局变量和局部变量同名的情况,建议为了避免程序混乱,尽量让全局变量名跟局部变量名不同。

Python 中函数内部一般无法修改全局变量的值,但是如果一定要在函数内部修改全局变量的值,需要提前使用关键字 global 进行声明,代码如例 6-13 所示。

【例 6-13】 关键字 global 的使用代码示例。

```
x = 5
def func():
    global x
    x += 5
    print(x)
func()
print(x)
```

输出结果如下:

```
10
10
```

从程序结果可以看出,当在函数内部使用 global 进行全局变量声明之后,就可以在函数内对全局变量进行赋值修改操作。

### 6.4.3 LEGB 规则

视频讲解

在 Python 编程语言中,LEGB 规则是指变量解析的顺序。它由四个层级组成,依次是 Local(局部)、Enclosing(嵌套)、Global(全局)和 Built-in(内建)。了解 LEGB 规则对于理解 Python 代码的执行流程和变量作用域至关重要。

**1. Local(局部)作用域**

Local 作用域指的是在函数内部定义的变量,只能在函数内部访问。当函数执行时,会创建一个新的命名空间,用于保存函数内部定义的变量,代码如例 6-14 所示。

【例 6-14】 Local(局部)作用域代码示例。

```
def my_function():
    x = 10
    print(x)
my_function()
print(x)
```

在上述代码中,变量 x 是在函数 my_function() 内部定义的,在函数内部可以正常访问。但是在函数外部尝试访问 x 会报错,因为 x 的作用域仅限于函数 my_function()。

**2. Enclosing(嵌套)作用域**

Enclosing 作用域指的是在外层函数中定义的变量,可以在嵌套函数以及其外部函数中访问。在这种情况下,变量的作用域涵盖了所有嵌套层级,代码如例 6-15 所示。

【例 6-15】 Enclosing(嵌套)作用域代码示例。

```
def outer_function():
    x = 10
    def inner_function():
        print(x)
    inner_function()
outer_function()
```

在上述代码中，变量 x 被定义在外部函数 outer_function()中，在嵌套函数 inner_function()中可以正常访问。这是因为内部函数可以访问外部函数中的变量。

**3. Global（全局）作用域**

Global 作用域指的是在函数外部和模块层级定义的变量，可以在整个代码中任意位置访问。在 Python 中，模块层级定义的变量被视为全局变量，代码如例 6-16 所示。

【例 6-16】 Global（全局）作用域代码示例。

```
x = 10
def my_function():
    print(x)
my_function()
print(x)
```

在上述代码中，变量 x 被定义在函数外部，可以在函数内部以及函数外部任意位置访问，因此函数 my_function()可以正常访问变量 x。

**4. Built-in（内建）作用域**

Built-in 作用域指的是 Python 内置的函数和模块，也就是 Python 解释器默认提供的一些函数和类。这些函数和类可以在任何地方直接使用，无须导入或定义。代码如例 6-17 所示。

【例 6-17】 Built-in（内建）作用域代码示例。

```
print("Hello, World!")
```

上述代码中，print()函数是 Python 内置的函数，在任何地方都可以直接使用。

**5. LEGB 规则的应用示例**

代码如例 6-18 所示。

【例 6-18】 LEGB 规则代码示例。

```
x = 10
def outer_function():
    x = 20
    def inner_function():
        nonlocal x
        x = 30
        print("Inner function:", x)
    inner_function()
    print("Outer function:", x)
outer_function()
print("Global:", x)
```

输出结果如下：

```
Inner function: 30
Outer function: 30
Global: 10
```

在这个示例中，分别定义了全局变量 x、外部函数 outer_function() 和内部函数 inner_function()。在内部函数中，使用了 nonlocal 关键字，将外部函数的变量 x 声明为 nonlocal，这样在修改 x 的值时，会影响外部函数的变量。可以看到，内部函数和外部函数都可以访问和修改 x 的值，而全局作用域中的 x 保持不变。例 6-18 展示了 LEGB 规则在嵌套函数中的应用。通过合理地使用局部、嵌套、全局和内建作用域，可以实现变量的灵活管理。

## 6.5 yield 关键字

### 6.5.1 迭代器

迭代是 Python 最强大的功能之一，是访问包含多个元素的一种方式。迭代器是一个可以记住遍历位置的对象。迭代器从第一个元素开始访问，直到所有的元素被访问结束。迭代器只能往前不会后退。迭代器有两个基本的方法：__iter__() 和 __next__()，等效于 iter() 函数和 next() 函数。

字符串、列表、元组、字典和集合都是可迭代的对象，都可以用来创建迭代器。可以简单理解为能够用 for 循环遍历的对象都可称为可迭代对象，代码如例 6-19 所示。

【例 6-19】 for 循环运行过程的代码示例。

```
List = [1, 2, 3, 4]
for i in List:
    print(i,end = " ")

print("\nfor 循环手动过程")
List = List.__iter__()           # 可迭代对象调用__iter__()方法,创建迭代器
print(List.__next__())           # 依次调用__next__()方法,返回迭代器中的元素
print(List.__next__())
print(List.__next__())
print(List.__next__())
print(List.__next__())           # 反复调用__next__(),直到报 StopIteration 异常,for 循环结束
```

输出结果如下：

```
1 2 3 4
for 循环手动过程
1
2
3
4
StopIteration
```

Python 的 for 循环跟其他语言的运行过程是不一样的，真实的运行过程，可以简单理解为如下三个方面。

（1）for 循环先调用__iter__()方法将循环对象创建成一个迭代器。

（2）迭代器依次调用__next__()方法，返回迭代器中的元素。

（3）当调用__next__()方法返回所有元素后，再次调用__next__()方法，会产生 StopIteration 异常，系统捕捉到此异常，终止 for 循环。

## 6.5.2 推导式

Python 中有一种高效地生成新数据序列的方式，叫推导式，推导式可以分为四种。

（1）列表推导式，语法格式如下：

```
List = [expression for i in list if condition]
expression:     可以是表达式,可以是函数的调用。
for i in list:  循环取出。
if condition:   根据条件过滤哪些值可以。
```

执行流程是循环变量 i 依次获取元素，然后 if 条件进行判断，如果成立，将 i 传递给表达式进行计算，形成列表元素；如果不成立，则不会传递给表达式。其中，推导式中的 if condition 是可以省略的，代码如例 6-20 所示。

【例 6-20】 列表推导式的代码示例。

```
# 列表推导式
multiples = [i + 1 for i in range(30) if i % 3 == 0]        # 简单表达式
print(multiples)

def squared(x):
    return x * x
multiples = [squared(i) for i in range(30) if i % 3 == 0]   # 表达式是函数调用
print(multiples)
```

输出结果如下：

```
[1, 4, 7, 10, 13, 16, 19, 22, 25, 28]
[0, 9, 36, 81, 144, 225, 324, 441, 576, 729]
```

（2）集合推导式，语法格式如下：

```
Set = {expression for i in list if condition}
expression:     可以是表达式,可以是函数的调用。
for i in list:  循环取出。
if condition:   根据条件过滤哪些值可以。
```

循环过程基本和列表推导式一样，if condition 部分也是根据实际需要，可以省略，但是两侧的符号从[]变成了{}。而且最终形成的数据类型是集合类型，所以重复元素会自动去重，代码如例 6-21 所示。

【例 6-21】 集合推导式的代码示例。

```
# 集合推导式
print({i ** 2 for i in (1,2,3,4,5)})
```

输出结果如下：

```
{1, 4, 9, 16, 25}
```

（3）字典推导式，语法格式如下。

```
Dict = {key:value for i in list if condition}
key:value:      第一部分一定是键值对的方式。
for i in list:  循环取出。
if condition:   根据条件过滤哪些值可以。
```

循环过程基本和列表推导式一样，if condition 部分也是根据实际需要，可以省略。但是第一部分的内容一定是键值对（key：value）形式，不然无法形成字典类型。另外，两侧的符号是{}，代码如例 6-22 所示。

【例 6-22】 字典推导式的代码示例。

```
# 字典推导式
print({k: v for k, v in zip(["name", "age", "num"], ["哈哈", 18, "2021001"])})
print({k: len(k) for k in ["hello", "life", "happy"]})
```

输出结果如下：

```
{'name': '哈哈', 'age': 18, 'num': '2021001'}
{'hello': 5, 'life': 4, 'happy': 5}
```

（4）元组推导式，语法格式如下。

```
Tuple = {expression for i in list if condition}
expression:     可以是表达式，可以是函数的调用。
for i in list:  循环取出。
if condition:   根据条件过滤哪些值可以。
```

循环过程基本和列表推导式一样，if condition 部分也是根据实际需要，可以省略。但是两侧的符号是()，返回的结果是一个生成器对象，代码如例 6-23 所示。

【例 6-23】 元组推导式代码示例。

```
# 元组推导式
multiples = (i for i in range(30) if i % 3 == 0)        #生成器
print(multiples.__next__())
print(multiples.__next__())
print(multiples.__next__())                             # 返回前三个元素
for i in multiples:            # for 循环从第 4 个元素开始遍历，因为生成器能够记住迭代位置
    print(i, end = " ")
```

输出结果如下：

```
0
3
6
9 12 15 18 21 24 27
```

元组推导式又被称为生成器,可以用于迭代操作。简单的理解是,生成器就是一个特殊迭代器。特殊的地方在于调用生成器运行的过程中,返回一个数据之后会暂停并保存当前所有的运行信息,并在下一次执行时从当前位置继续。

### 6.5.3　函数生成器

在 Python 中,使用了 yield 的函数被称为函数生成器(generator)。与普通函数不同的是,使用 yield 返回数据的函数是一个生成器,可以用于 for 循环迭代操作,在调用生成器运行过程中,每次遇到 yield 时函数会暂停并保存当前所有的运行信息,返回 yield 的值,并在下一次执行调用时从当前位置继续,代码如例 6-24 所示。

【例 6-24】　yield 返回数据的代码示例。

```python
def generate_sequence():
    for i in range(10):
        yield i
    print("finish")
# generate_sequence()相当于一个生成器,可以 for 循环直接迭代
for i in generate_sequence():
    print(i, end = " ")
```

输出结果如下:

```
0 1 2 3 4 5 6 7 8 9 finish
```

使用 yield 返回函数处理结果跟 return 是不同的,return 一旦返回一个数据后,函数的调用就结束了,但是 yield 返回的是一个生成器,能够记住调用位置,返回一个数据后,会记住调用位置,等待下一次调用,继续返回数据,直到返回所有数据为止。

所以,yield 应用的场景一般是函数需要返回多个数据时,可以使用 yield 一个一个地进行返回,节省内存空间,代码如例 6-25 所示。

【例 6-25】　生成斐波那契数列的代码示例。

```python
def fibo(n):
    x, x1, x2 = 0, 1, 1
    while x < n:
        yield x1
        x1, x2 = x2, x1 + x2
        x += 1
for i in fibo(10):
    print(i, end = " ")
```

输出结果如下:

```
1 1 2 3 5 8 13 21 34 55
```

用 yield 关键字返回多个函数结果,不需要先将多个数据添加到列表中,然后一次性返回所有数据,而是可以一个一个地进行数据返回,既减少了代码量,也节省了内存空间。

## 6.6 函数的特殊形式

Python 中除了前面讲的一般形式外,还有定义上的特殊形式,也就是匿名函数。另外,还有反复调用函数本身的特殊形式,也就是递归函数。本节将对这两种函数进行讲解。

### 6.6.1 匿名函数

匿名函数也就是没有名称的函数,不需要用 def 关键字定义。如果定义的是匿名函数,需要使用另一个关键字 lambda。匿名函数一般的应用场景是函数体只有一个单一表达式,定义的基本格式如下:

```
lambda [arg1,arg2,arg3,…]: expression
```

匿名函数参数可以有任意个,expression 表示函数的表达式,代码如例 6-26 所示。

【例 6-26】 lambda 定义匿名函数的代码示例。

```
test = lambda arg1, arg2, arg3: arg1 + arg2 + arg3
print("运行结果是:", test(23, 22, 13))
```

输出结果如下:

```
运行结果是: 58
```

需要注意的是,与普通函数相比,匿名函数的体积更小、功能更单一,但只能实现比较简单的功能。两者主要区别如下。

(1)用 def 定义的不同函数有名称,而用 lambda 定义的匿名函数没有名称。

(2)普通函数的函数体可以包含多条语句,而匿名函数只能是一个表达式。

(3)普通函数能被其他程序使用,而匿名函数不能被其他程序使用。

(4)定义好的匿名函数无法直接使用,最好是赋值给变量,或作为其他函数的参数进行使用。

匿名函数可以和其他函数结合使用,可以让程序更加紧凑,排序方法 sort()就可以跟定义的 lambda 匿名函数结合使用,代码如例 6-27 所示。

【例 6-27】 lambda 定义的匿名函数与 sort()方法结合使用的代码示例。

```
# sort()方法与 lambda 结合使用,可以更改排序标准
List = [8, 28, 3, 0, −2, 23, −32]
List.sort()              # 按照数字大小升序排列
print("按照元素值的大小进行排序结果是:", List)

# 结合 lambda 将排序标准改为按照每个元素平方数的大小进行排序
List.sort(key = lambda x: x ** 2)
print("按照元素平方的大小进行排序结果是:", List)

# 默认按照字符串内部字符编码值大小进行排序
List_string = ["abc", "Abcd", "bcd", "a1b2c3", "yaBc786dA"]
List_string.sort()
```

```
print("按照字符串字符编码值进行排序结果是:", List_string)
# 使用匿名函数 lambda,将排序标准改为按照字符串长度进行排序
List_string.sort(key = lambda x: len(x))
print("按照字符串长度进行排序结果是:", List_string)
```

输出结果如下:

```
按照元素值的大小进行排序结果是: [ - 32, - 2, 0, 3, 8, 23, 28]
按照元素平方的大小进行排序结果是: [0, - 2, 3, 8, 23, 28, - 32]
按照字符串字符编码值进行排序结果是: ['Abcd', 'a1b2c3', 'abc', 'bcd', 'yaBc786dA']
按照字符串长度进行排序结果是: ['abc', 'bcd', 'Abcd', 'a1b2c3', 'yaBc786dA']
```

除了排序函数之外,还有一些函数也经常跟匿名函数结合使用。例如,高阶函数:映射函数 map()和过滤函数 filter()与匿名函数 lambda 结合使用。

映射函数 map()和过滤函数 filter()语法规范如表 6-2 所示,代码如例 6-28 所示。

表 6-2    map()和 filter()函数

| 函 数 名 称 | 函 数 说 明 |
| --- | --- |
| map() | 它的基本样式为 map(function,iterable)。function 是一个函数名,iterable 是一个可迭代的对象。在执行的时候,通过把函数 function 依次作用在 list 的每个元素上,返回一个可迭代的对象 |
| filter() | 它的基本样式为 filter(function,iterable)。function 是一个函数名,iterable 是一个可迭代的对象。函数 function 接收一个参数,返回布尔值为 True 或 False,返回符合条件的值形成的一个可迭代的对象 |

【例 6-28】 lambda 函数与高阶函数结合使用代码示例。

```
# 以普通函数方式实现列表每个数字平方值
def add(x):
    x *= x
    return x
for I in range(10):
    print(add(i), end = " ")              # 以循环的方式调用函数计算平方值

# 以匿名函数方式实现列表每个数字平方值
num2 = list(map(lambda x: x ** 2, range(10)))    # 使用 map()函数和匿名函数速度更快
print(num2)

#使用匿名函数和 filter()函数过滤数据
# 过滤歌手姓名
func = lambda x: x != "小杰"
name = filter(func, "小刘","小周","小邓","小杰"])
print(list(name))

# 过滤第二门课程不及格的学生
score_list = ["周一", 98, 92, 89], "吴二", 89, 59, 94], "郑三", 93, 87, 75]]
score_filter = filter(lambda x: x[2] >= 60, score_list)
print(list(score_filter))
```

输出结果如下:

```
[0, 1, 4, 9, 16, 25, 36, 49, 64, 81]
[0, 1, 4, 9, 16, 25, 36, 49, 64, 81]
["小刘","小周","小邓"]
["周一", 98, 92, 89], "郑三", 93, 87, 75]]
```

map()和 filter()函数的返回值是可迭代对象,所以想要获取最后的函数结果,可以用 for 循环获取,或者用 list()函数转换为列表,就可以直接获取对应数据。

例 6-28 中 list(map(lambda x:x ** 2,range(10))),先是将 range(10)生成的[0,1,2,3,4,5,6,7,8,9]数字序列映射给匿名函数 lambda x:x ** 2,得到[0,1,4,9,16,25,36,49,64,81],但是这些数据不会直接返回,在 map()函数外面用 list()函数将返回的 map 对象转换成列表对象,就可以获取对应的数据。

score_filter = filter(lambda x:x[2] >= 60,score_list),先是将每位学生的信息传递给前面的匿名函数 lambda x:x[2] >= 60,匿名函数会根据每位学生第二门课程的成绩,也就是列表的第三个数据是否大于或等于 60,来过滤低于 60 分的学生信息。

## 6.6.2　递归函数

函数之间是可以相互嵌套调用的。如果某函数反复地调用自身,称这种形式的函数为递归函数。递归函数不能无限次地调用自身形成死循环,所以递归函数可分为递推和回溯两个阶段。

(1) 递推。下一次的调用都是依赖于上一次调用的结果。

(2) 回溯。递推到终止条件时,会将最终的值依次沿着递推倒过来返回至上一级。

递归函数通常会用于解决一些复杂问题,而这些复杂问题往往可以分解成若干解决方式基本相同的子问题,代码如例 6-29 所示。

【例 6-29】　递归函数——数学阶乘代码示例。

```
def fact(n):
    if n == 1:
        return 1
    else:
        return fact(n-1) * n
print(5)
```

输出结果如下:

```
120
```

程序执行流程如图 6-2 所示。

图 6-2　递归流程

视频讲解

## 6.7 实训案例

随着无人新零售经济的迅猛发展,各大商场、车站、大厦等纷纷引入了智能化的饮品自动售货机,顾客可以轻松地浏览并选择自己想要的饮品,然后投币或扫码的方式支付,支付成功后就能从出货口即刻取出饮品,整个过程既快速又方便。针对这一场景,本案例要求编写代码,利用函数实现具有显示饮品详细信息、根据所选饮品计算总额等功能,以模拟饮品自动售货机的运作流程。

### 1. 案例的实现思路

(1)定义饮品信息列表。

由于每种饮品都具有名称、价格两种属性,如可乐5元,雪碧5元等,所以每种商品可以用字典来存放;而售货机中有多种饮品,则将所有饮品信息定义成列表;饮品信息在整个程序所有函数中都要被使用,应把饮品信息列表定义成全局变量。饮品信息定义如下:

```python
drinks = [
    {"name": "可乐", "price": 5},
    {"name": "雪碧", "price": 5},
    {"name": "绿茶", "price": 3},
    {"name": "尖叫", "price": 2.5},
    {"name": "脉动", "price": 3.5},
    {"name": "奶茶", "price": 15}
]
```

(2)定义三个功能模块,用函数实现。

① 展示饮品信息 display_drinks()。

② 选购饮品 select_drinks()。

输入要购买的饮品和数量,并将所有要购买的饮品和数量放在字典 buy_drinks 中,键是饮品名称,值是要购买的该饮品的数量,最后将字典 buy_drinks 作为函数值返回。

③ 计算要购买饮品的总额 total_count(buy_drinks),参数 buy_drinks 表示所有要购买的饮品和数量的字典,即 select_drinks()函数的返回值。对所有选购饮品进行遍历,并在饮品信息列表中找出该饮品的价格,从而计算出所购饮品的总额。

### 2. 案例参考代码

调用展示饮品、选购饮品、计算总额3个函数完成整个程序逻辑。程序代码如下:

```python
# 定义饮品列表
drinks = [
    {"name": "可乐", "price": 5},
    {"name": "雪碧", "price": 5},
    {"name": "绿茶", "price": 3},
    {"name": "尖叫", "price": 2.5},
    {"name": "脉动", "price": 3.5},
    {"name": "奶茶", "price": 15}
]

# 展示所有饮品信息
```

```python
def display_drinks():
    print("欢迎光临自动饮品售货机!".center(20,"＊"))
    for index,drink in enumerate(drinks,start = 1):
        print(f'{index} {drink["name"]}:{drink["price"]}元')


# 选购饮品
def select_drinks():
    buy_drinks = {}                              # 存放要买的饮品和数量
    print("输入商品编号为 0 时结束购买!".center(20,'＊'))
    while True:
        choice = input("请输入要购买的商品编号 1 - {}:".format(len(drinks)))
        if choice == "0":
            break
        choice = int(choice) - 1                 # 编号转换成列表 drinks 中的索引
        if 0 <= choice < len(drinks):
            name = drinks[choice]['name']        # 所购商品名称
            print(f"您要购买的商品名称:{name}")
            num = input("请输入要购买的数量:")
            if num.isdigit():
                buy_drinks[name] = int(num)
            else:
                print('商品数量无效')
        else:
            print("无效编号,请重新选择")
    return buy_drinks


# 计算总额
def total_count(buy_drinks):
    total = 0
    print(f'您的购物清单:'.center(20, "＊"))
    for name, num in buy_drinks.items():         # 遍历购物字典
        for drink in drinks:                     # 遍历饮品列表
            if name == drink['name']:
                price = drink['price']           # 获得饮品价格
                print(f'{name},{num}瓶,单价{price}元')
                total += price * num
                break;

    print(f'您需要支付的费用:{total}元')


display_drinks()                                 # 展示饮品信息
buy_drinks = select_drinks()                     # 选购饮品
total_count(buy_drinks)                          # 计算总额
```

运行结果如图 6-3 所示。

本程序只是实现了一个最基本的功能,可以根据实际需求进行扩展,如增加库存检查、多种支付方式等。

```
C:\Python312\python.exe C:\pythonProject\chapter06\p06_25.py
****欢迎光临自动饮品售货机！****

1 可乐:5元
2 雪碧:5元
3 绿茶:3元
4 咖啡:2.5元
5 脉动:3.5元
6 奶茶:15元
***输入商品编号为0时结束购买!***
请输入要购买的商品编号1-6:1
您要购买的商品名称：可乐
请输入要购买的数量:1
请输入要购买的商品编号1-6:4
您要购买的商品名称：咖啡
请输入要购买的数量:2
请输入要购买的商品编号1-6:0
******您的购物清单：*******

可乐,1瓶,单价5元
咖啡,2瓶,单价2.5元
您需要支付的总费用:10.0元

Process finished with exit code 0
```

图 6-3　运行结果

# 本章小结

本章讲述 Python 中的函数，包括函数的定义、调用，以及函数的参数：位置参数、关键字参数、默认参数和不定长参数（包裹位置参数和包裹关键字参数），还有变量的作用域（局部变量和全局变量）、yield 关键字、递归函数、匿名函数等。

# 习题

## 一、填空题

1. 定义函数时设置的参数称为＿＿＿＿＿＿参数。

2. 匿名函数是一类无须定义＿＿＿＿＿＿的函数。

3. Python 使用＿＿＿＿＿＿关键字可以将局部变量声明为全局变量。

4. 如果一个函数内部和外部定义了同名全局变量和局部变量，那么在函数中访问时优先会访问＿＿＿＿＿＿变量。

5. 如果函数内部调用了自身，则这个函数被称为＿＿＿＿＿＿。

## 二、判断题

1. 函数在定义完成后会立刻执行。　　　　　　　　　　　　　　　　　　　（　　　）

2. 当函数执行结束后，函数内部的局部变量就会被系统销毁。　　　　　　　（　　　）

3. 当定义函数时，若函数的参数列表中包含普通参数和默认参数，则默认参数必须放在参数列表的开头位置。　　　　　　　　　　　　　　　　　　　　　　　（　　　）

4. 任何函数内部都可以直接访问和修改全局变量。　　　　　　　　　　　　（　　　）

5. 不同函数内的局部变量相互之间没有任何影响。　　　　　　　　　　　　（　　　）

### 三、选择题

1. 下列关于函数的说法中,描述错误的是(　　　)。

    A. 函数可以减少重复的代码,使得程序更加模块化

    B. 调用函数时,实参的传递顺序与形参的顺序可以不同

    C. 不同的函数中可以使用相同名字的变量

    D. 匿名函数与使用关键字 def 定义的函数没有区别

2. Python 使用(　　　)关键字定义一个匿名函数。

    A. function        B. func        C. def        D. lambda

3. 请阅读下面一段代码:

```
f1 = lambda x: x + 2
f2 = lambda x: x ** 2
print(f1(f2(3)))
```

执行代码,最终输出的结果为(　　　)。

    A. 13        B. 7        C. 5        D. 11

4. 请阅读下面的代码:

```
count = 3
def sum(n):
    global count
    count = 4
    return count + n
print(sum(5))
```

运行代码,输出结果为(　　　)。

    A. 8        B. 7        C. 9        D. 10

5. 请看下面的一段程序:

```
def info(age = 18,name):
    print("%s 的年龄为 %d" % (name,age))
info(28,'小明')
```

运行程序,最终输出的结果为(　　　)。

    A. 小明的年龄为 28        B. 小明的年龄为 18

    C. 程序出现错误        D. 28 的年龄为小明

6. 请阅读下面的一段代码:

```
def test():
    number = 10
    def test_in():
        nonlocal number
        number += 20
    test_in()
    print(number)
test()
```

运行代码,输出结果为(　　)。

　　　　A. 10　　　　　　B. 30　　　　　　C. 20　　　　　　D. 40

　　7. 请阅读下面的代码:

```
def many_param(a, b, * args):
    print(args)
many_param(11,22,33,44,55)
```

运行代码,输出结果为(　　)。

　　　　A.（11,22,33)　　B.（33,44,55)　　C.（22,33,44)　　D.（44,55)

　　8. 请看下面的一段程序:

```
def test(a,b, * args, ** kwargs):
    print(args,end = "")
    print(kwargs)
test(11,22,33,44,m = 55)
```

运行程序,最终输出的结果为(　　)。

　　　　A.（11,22){'m': 33}　　　　　　　　B.（11,22){'m': 55}

　　　　C.（33,44){'m': 55}　　　　　　　　D.（33,44){'m': 11}

## 四、简答题

1. 简述位置参数、关键字参数、默认参数传递的区别。

2. 简述局部变量和全局变量的区别。

## 五、编程题

1. 编写函数,判断用户输入的正整数是否为质数。

2. 编写函数,计算 18 * 17 * 16 * … * 3 的结果。

3. 编写函数,求两个正整数的最大公约数。

4. 编写函数,判断用户输入的字符串是否为回文串。回文串是一个正向和逆向都相同的字符串,如"abcdcba"和"1221"。

# 第 **7** 章

# 异 常 处 理

**学习目标**

➤ 理解异常的概念。

➤ 熟悉常见的异常信息。

➤ 掌握异常处理机制 try-except-finally。

➤ 掌握 raise 抛出异常和 assert 断言的使用方法。

➤ 掌握代码的调试方法。

➤ 掌握自定义异常的处理。

在实际的编程开发中,编程人员不可能保证每次编写的代码都是准确无误的。特别是大型系统等项目开发,代码量非常庞大,程序肯定会出现各种漏洞(bug),那么能快速找出程序的错误并有针对性地解决是每一个编程人员必须掌握的技能。本章将针对程序的异常问题、处理异常机制、代码调试及自定义异常的使用进行讲解。

## 7.1 认识异常

### 7.1.1 异常的概念

异常是 Python 程序在运行时发生的错误,导致程序执行中断的事件,而通常把异常分为语法异常和运行时异常。

（1）语法异常。在前面章节中介绍了大量 Python 相关的语法内容，如果在编程时，某些程序语句没有按照语法规则进行编写则会产生语法异常，报 SyntaxError 异常，导致程序中断，停止运行，代码如例 7-1 所示。

【例 7-1】　语法异常代码示例。

```
# 示例 1:缺少冒号":"
def test()
        print(""Hello Pytho"")
# 报错信息:无效语法
SyntaxError: invalid syntax

# 示例 2:中英文格式错误
print(""Hello Pytho"")

# 报错信息:无效符号,因为左侧括号是中文格式的括号
SyntaxError: invalid character in identifier

# 示例 3:关键字有误
For i in [1, 2]:
    print(i)

报错信息:无效语法
SyntaxError: invalid syntax
```

（2）运行时异常。很多时候，程序员检查程序时没有发现语法错误，但是程序还是会报错，导致程序停止运行。此类错误发生频率较高。

初学者很容易出现变量名、函数名、模块名或类名等写错的情况，这样系统会报名称异常（NameError），代码如例 7-2 所示。

【例 7-2】　名称异常代码示例。

```
score = 80
print(socre)                    # 变量名称写错

报错信息:名字未定义
NameError: name '' socre'' is not defined
```

由于缩进没有掌握好，导致进行程序段之间的层级缩进时，出现缩进异常（IndentationError）；还有可能习惯性用空格缩进，缩进时多几个空格或少一个空格也会导致缩进异常，代码如例 7-3 所示。

【例 7-3】　缩进异常代码示例。

```
def fun_name(x, y):
z = x + y                # 应该加缩进
return z                 # 应该加缩进

报错信息:
IndentationError: expected an indented block
```

程序处理过程中，不能出现除法运算的分母为零的情况，否则会报除零异常（ZeroDivisionError）。如果出现此类错误，可以查看对应位置是否因为计算问题出现了除

数为零的情况。程序中分母的表达式很可能是比较复杂的,或者是循环中出现了除数为零的情况,需要仔细地测试、检查,代码如例 7-4 所示。

【例 7-4】 除零异常代码示例。

```
print(20/0)

for i in range(1, 8):
    x = i ** 2/(i - 4)
    print(x)
报错信息:
ZeroDivisionError: division by zero
```

一般当运算符两侧的运算对象不能进行该类运算时,或者参数传递类型不匹配时,系统会报类型异常(TypeError),代码如例 7-5 所示。

【例 7-5】 类型异常代码示例。

```
1 + "1"              # 数字与字符串类型不能加法运算
[1, 3] - 123         # 数字与列表类型不能减法运算
L = [1, 3, 4]
L. insert("0", 12)   # insert()方法第一个参数必须是 int 类型

报错信息:
TypeError: unsupported operand type(s) for + :"in" and "str"
TypeError: unsupported operand type(s) for - :"list" and "int"
TypeError: "str" object cannot be interpreted as an integer
```

当字符串、元组或者列表在进行单个元素的提取时,索引值如果大于最大正索引值或者小于最小负索引值,系统会报索引值越界异常(IndexError),代码如例 7-6 所示。

【例 7-6】 索引值越界异常代码示例。

```
L = [1, 2, 5]              # 列表 L 的正索引值为 0,1,2,负索引值为 -1, -2, -3
print(L[3], L[-4])

报错信息:
IndexError: list index out of range
```

当查找字典的值时,如果键写错或者字典中没有这个键,系统都会报键异常(KeyError),代码如例 7-7 所示。

【例 7-7】 字典的键异常代码示例。

```
stu_info = ""name"":""小"",""age"": 18,""se"":""""}
print(stu_info""heigh""])          # 字典不存在""height""的键值对
报错信息:
KeyError:"heigh"
```

在进行函数的调用时,如果传入的参数是无效的,系统通常会报值异常(ValueError),代码如例 7-8 所示。

【例 7-8】 值异常代码示例。

```
x = int("12.3")            # int()函数不能将非数字型字符转换为整数
x = int("abc")
```

```
报错信息：
ValueError: invalid literal for int() with base 10:'12.3'
ValueError: invalid literal for int() with base 10:'abc'
```

如果用某类数据调用了该类数据没有的处理方法。例如，列表数据调用了字典或者集合的增加方法，数字调用了字符串的处理方法，系统会报属性异常（AttributeError），代码如例 7-9 所示。

**【例 7-9】** 属性异常代码示例。

```
num = 123
num.upper()                  # 整数 int 类型不能调用 upper()方法
L = [3,"abc", 43]
L.update([3, 4])             # 列表没有 update()方法

报错信息：
AttributeError: 'int' object has no attribute 'upper'
AttributeError: 'list' object has no attribute 'update'
```

## 7.1.2 异常的类型

表 7-1 给出的是目前 Python 中的所有异常类型，及其相应的异常描述信息，当程序出现各种异常时，可参考此表了解异常信息，能更快地定位到漏洞产生的位置和原因。7.1.1节中给出的常见异常类型是需要熟练掌握的，以便于加快纠错速度，提高开发效率。

表 7-1　Python 异常类型

| 异 常 名 称 | 描　　述 |
| --- | --- |
| BaseException | 所有异常的基类 |
| SystemExit | 解释器请求退出 |
| KeyboardInterrupt | 用户中断执行（通常是输入^C） |
| Exception | 常规错误的基类 |
| StopIteration | 迭代器没有更多的值 |
| GeneratorExit | 生成器（generator）发生异常来通知退出 |
| StandardError | 所有的内建标准异常的基类 |
| ArithmeticError | 所有数值计算错误的基类 |
| FloatingPointError | 浮点计算错误 |
| OverflowError | 数值运算超出最大限制 |
| ZeroDivisionError | 除（或取模）零（所有数据类型） |
| AssertionError | 断言语句失败 |
| AttributeError | 对象没有这个属性 |
| EOFError | 没有内建输入，到达 EOF 标记 |
| EnvironmentError | 操作系统错误的基类 |
| IOError | 输入/输出操作失败 |
| OSError | 操作系统错误 |
| WindowsError | 系统调用失败 |
| ImportError | 导入模块/对象失败 |
| LookupError | 无效数据查询的基类 |

续表

| 异 常 名 称 | 描　述 |
|---|---|
| IndexError | 序列中没有此索引(index) |
| KeyError | 映射中没有这个键 |
| MemoryError | 内存溢出错误(对于 Python 解释器不是致命的) |
| NameError | 未声明/初始化对象(没有属性) |
| UnboundLocalError | 访问未初始化的本地变量 |
| ReferenceError | 弱引用(Weak reference)试图访问已经垃圾回收了的对象 |
| RuntimeError | 一般的运行时错误 |
| NotImplementedError | 尚未实现的方法 |
| SyntaxError | Python 语法错误 |
| IndentationError | 缩进错误 |
| TabError | Tab 和空格混用 |
| SystemError | 一般的解释器系统错误 |
| TypeError | 对类型无效的操作 |
| ValueError | 传入无效的参数 |
| UnicodeError | Unicode 相关的错误 |
| UnicodeDecodeError | Unicode 解码时的错误 |
| UnicodeEncodeError | Unicode 编码时错误 |
| UnicodeTranslateError | Unicode 转换时错误 |
| Warning | 警告的基类 |
| DeprecationWarning | 关于被弃用的特征的警告 |
| FutureWarning | 关于构造将来语义会有改变的警告 |
| OverflowWarning | 旧的关于自动提升为长整型(long)的警告 |
| PendingDeprecationWarning | 关于特性将会被废弃的警告 |
| RuntimeWarning | 可疑的运行时行为(runtime behavior)的警告 |
| SyntaxWarning | 可疑的语法的警告 |
| UserWarning | 用户代码生成的警告 |

## 7.2　异常处理

异常处理机制是为了避免程序发生异常,提前针对异常采取的措施。进行异常处理之后程序会按照预先设置好的处理方法对捕捉到的异常进行相应的处理,异常处理结束之后,程序仍旧可以正常运行。Python 中提供了 try-except 和 finally 来进行异常处理。

### 7.2.1　try-except 结构

使用 try-except 结构进行异常处理时,把可能出现异常的代码块放入 try 语句当中,并且使用一个或者多个 except 语句块来处理不同的异常。

基本格式如下:

```
try:
        语句块 1
except ErrorName1:
```

```
        语句块 2
except ErrorName2 as e:
        语句块 3
…

except:
        语句块 4
else:
        语句块 5
```

上述结构会按照如下方式工作。

（1）首先，执行 try 子句（在关键字 try 和关键字 except 之间的语句）。

（2）如果没有异常发生，忽略 except 子句，执行 try 子句后结束。

（3）如果在执行 try 子句的过程中发生了异常，那么 try 子句余下的部分将被忽略。如果异常的类型和 except 之后的名称相符，那么对应的 except 子句将被执行。

（4）如果异常没有与任何的 except 匹配，那么这个异常将会传递给上层的 try 中。

（5）若有 else 子句，则当没有发生异常时会执行 else 子句里面的程序。

一个 try 语句可能包含多个 except 子句，分别来处理不同的异常。最多只有一个分支会被执行。处理程序将只针对对应的 try 子句中的异常进行处理，而不是其他的 try 的处理程序中的异常。

一个 except 子句也可以同时处理多个异常，这些异常将被放在一个括号里成为一个元组。语法格式如下：

```
except(RuntimeError, TypeError, NameError):
    print("捕捉多个异常")
```

使用单个 except 子句捕捉异常，代码如例 7-10 所示。

【例 7-10】 单个 except 子句处理异常代码示例。

```
def mean_points(score = [ ], names = [ ]):
    try:
        all_score = sum(score)
        mean_score = all_score/len(names)
        print('学生平均分是:%.2f' % mean_score)
    except ZeroDivisionError:
        print('出现了 0 被除的情况,很可能是没有添加学生名字列表')
    else:
        print('运行成功')
score = [83,78,69,93,57]
mean_points(score)用一个 except 子句的异常处理结构:
```

程序不会报错而停止，例 7-10 代码输出结果如下：

```
出现了 0 被除的情况,很可能是没有添加学生名字列表
```

使用多个 except 子句的异常处理结构，代码如例 7-11 所示。

【例 7-11】 多个 except 处理异常代码示例。

```
def mean_points(score = [], names = []):
    try:
        all_score = sum(score)
        mean_score = all_score/len(names)
        print('学生平均分是:%.2f' % mean_score)
        for i in range(len(score)):
            print('%s 比平均分高:%d' % (names[i], score[i] - mean_score))
    except ZeroDivisionError:
        print('出现了 0 被除的情况,很可能是没有添加学生名字列表')
    except IndexError:
        print("出现了索引值越界的问题,请详细检查.")
    except BaseException as e:
        print('出现了%s 错误,请仔细检查' % e)
    else:
        print('运行成功')
score = [83,78,69,93,57]
names = ['小张','小明','小李','小陈']
mean_points(score,names)
```

输出结果如下:

```
学生平均分是:95.00
小张比平均分高:-12
小明比平均分高:-17
小李比平均分高:-26
小陈比平均分高:-2
出现了索引值越界的问题,请详细检查。
```

异常没有被第一个子句捕捉到,但是被第二个子句捕捉到了,所以程序正常执行。

设置多个 except 子句时可以将 BaseException 或者 Exception 作为最后子句,这样即使前面的子句没有捕捉到异常,最后也会被 BaseException 或者 Exception 捕捉到。

### 7.2.2　else 子句

try-except 语句还有一个可选的 else 子句,如要使用该子句,须将其放在所有 except 子句之后。当 try 子句没有发生任何异常时,else 子句才会被执行,其语法格式如下:

```
try:
        语句块 1
except ErrorName1:
        语句块 2
except ErrorName2 as e:
        语句块 3
...
except:
        语句块 4
else:
        语句块 5
```

代码如例 7-12 所示。

【例 7-12】 except 子句和 else 子句异常处理情况比较。

```
try:
    a = float(input('请输入被除数:'))
    b = float(input('请输入除数:'))
    c = a / b
except Exception as e:
    print('出错原因:',e)
else:
    print("c = ",c)
print("程序运行结束")
```

以下两种输入,演示 except 和 else 子句执行情况。

① 运行代码,输入被除数 2 和除数 1,结果如下所示:

```
请输入被除数:2
请输入除数:1
c = 2.0
程序运行结束
```

由以上输出得知,此时 try 语句块中没有出现异常,执行完 try 中语句后就执行 else 子句,输出 c=2。

② 运行代码,输入被除数 3 和除数 0,结果如下所示:

```
请输入被除数:3
请输入除数:0
出错原因: float division by zero
程序运行结束
```

由以上输出得知,由于 b 为 0,此时 try 语句块中执行 c=a/b 发生异常,由 except 捕获异常,执行 except 子句,而 else 子句不被执行。

### 7.2.3 关键字 finally

关键字 finally 也是和 try-except 结合使用的结构,跟 else 不同的是,无论会不会发生异常,finally 的语句块都会被执行。

基本格式如下:

```
try:
    语句块 1
except ErrorName1:
    语句块 2
except ErrorName2 as e:
    语句块 3
…
finally:
    语句块 4
```

代码如例 7-13 所示。

【**例 7-13**】 关键字 finally 的使用代码示例。

```python
import datetime
def mean_points(score = [], names = []):
    try:
        all_score = sum(score)
        mean_score = all_score/len(names)
        print('学生评价分是:%.2f' % mean_score)
        for i in range(len(score)):
            print('%s 比平均分高:%d' % (names[i], score[i] - mean_score))
    except ZeroDivisionError:
        print('出现了 0 被除的情况,很可能是没有添加学生名字列表')
    except BaseException as e:
        print('出现了%s 错误,请仔细检查' % e)
    finally:
        print('现在的时间是:%s' % datetime.datetime.today())

score = [83,78,69,93,57]
names = ['小张','小明','小李','小陈','小王']
mean_points(score, names)
mean_points(score)
```

输出结果如下:

```
学生评价分是:76.00
小张比平均分高:7
小明比平均分高:2
小李比平均分高: - 7
小陈比平均分高:17
小王比平均分高: - 19
现在的时间是:2021 - 10 - 27 12:38:49.998977
出现了 0 被除的情况,很可能是没有添加学生名字列表
现在的时间是:2021 - 10 - 27 12:38:49.998977
```

第一次调用 mean_points(score, names)时,参数传递正确,不会发生异常,打印出了时间;第二次调用 mean_points(score),参数为传递姓名,发生异常,仍旧打印出时间。说明 finally 都执行了。

不管异常发生与否,finally 子句的内容一定会被执行,所以实际程序编写中,如果有部分代码不管异常发生与否,都需要被执行,则可以考虑放在 finally 子句中。

## 7.3 抛出异常

Python 中为避免程序出现更严重的漏洞,可以使用 raise 语句主动地抛出异常,还可以使用断言语句 assert 语句来确保程序在正确的情况下运行。

### 7.3.1 raise 语句

使用 raise 语句可以直接触发异常,终止程序运行,基本格式如下:

```
raise [Exception [, args ]]
```

其中 Exception 是异常的类型，args 是异常的参数值，一般不用设置，默认值为 None。

沿用 7.2 节求平均成绩的案例，使用 raise 语句主动抛出异常，代码如例 7-14 所示。

**【例 7-14】** 关键字 raise 的使用代码示例。

```python
import datetime
def mean_points(score = [], names = []):
    try:
        all_score = sum(score)
        mean_score = all_score / len(names)
        if mean_score > 100:
            raise ValueError('分数输入有误,请仔细检查')
        print('学生评价分是:%.2f' % mean_score)
        for i in range(len(score)):
            print('%s比平均分高:%d' % (names[i], score[i] - mean_score))
    except ValueError as e:
        print(e)
    finally:
        print('现在的时间是:%s' % datetime.datetime.today())

score = [183, 178, 69, 93, 57]
names = ['小张','小明','小李','小陈', '小王']
mean_points(score, names)
```

输出结果如下：

```
分数输入有误,请仔细检查
现在的时间是:2021 - 10 - 27 12:52:41.374689
```

两个分数 183 和 178 导致平均分超过了 100，因为平均分超过 100，后面的计算已经没有意义，所以直接使用 raise 语句抛出异常，并使用后面的 except 子句，捕捉对应异常后给予相应的错误提示。

### 7.3.2 assert 语句

assert（断言）语句用于判断一个表达式，在表达式条件为 False 的时候触发异常。使用断言语句可以在条件不满足程序运行的情况下直接返回错误，而不必等待程序运行后出现崩溃的情况。

语法格式如下：

```
assert expression
```

(1) 表达式如果返回 True，程序继续运行。

(2) 表达式如果返回 False，抛出 AssertionError 异常。

等价于：

```
if not expression: 表达式不成立时,触发断言异常
    raise AssertionError
```

assert 后面也可以紧跟参数：

```
assert expression [, arguments]
```

等价于:

```
if not expression:
    raise AssertionError(arguments)          # 参数用来进行异常信息的解释说明
```

以下是 assert 的简单应用,代码如例 7-15 所示。

【例 7-15】　关键字 assert 的简单应用代码示例。

```
>>> assert True              # 条件为 True,正常执行
>>> assert False             # 条件为 False,触发异常
Traceback(most recent call last):
  File "<stdin>", line 1, in <module>
AssertionError

>>> assert 1 == 1            # 条件为 True,正常执行
>>> assert 1 == 2            # 条件为 False,触发异常
Traceback(most recent call last):
  File "<stdin>", line 1, in <module>
AssertionError

>>> assert 1 == 2, '1 不等于 2'
Traceback(most recent call last):
  File "<stdin>", line 1, in <module>
AssertionError: 1 不等于 2
```

例如,根据年龄判断是否可以在网吧上网,使用 assert 断言语句来进行判定,代码如例 7-16 所示。

【例 7-16】　assert 的使用代码示例。

```
try:
    age = int(input("请输入您的你年龄:"))
    assert age >= 18, "您还未成年,不能上网!"
    print("您可以上网,但请注意不要沉迷于游戏!")
except AssertionError as e:
    print(e)
```

第三行代码中"assert age >= 18,"您还未成年,不能上网!"",程序的逻辑流程是如果年龄大于或等于 18 岁程序正常运行,输出"您可以上网,但请注意不要沉迷于游戏!",如果小于 18 岁,会抛出 AssertionError 断言异常,然后被 except 子句捕捉到,输出"您还未成年,不能上网!"。

例 7-16 代码输出结果如下:

```
请输入您的年龄:10
您还未成年,不能上网!

请输入您的年龄:20
您可以上网,但请注意不要沉迷于游戏!
```

## 7.4　自定义异常

Python 提供的内置异常可以描述大部分异常情况，但有时程序会有特殊要求，系统可能无法识别该异常，此时需要用户创建自定义异常类，使系统能够识别异常并进行处理。自定义异常的方法比较简单，只需要创建一个继承 Exception 类或 Exception 子类的类（类名一般以 Error 为结尾）即可，自定义异常由 raise 语句主动抛出。

自定义异常使用示例如例 7-17 所示。

【例 7-17】　自定义一个异常类，酒吧 18 岁以下不得入内。

```python
# 定义一个继承自 Exception 的异常类 AgeError
class AgeError(Exception):
    def __init__(self,age):
        self.age = age
    def __str__(self):
        return f'18 岁以下不得入内'        # 返回异常类对象说明信息

try:
    age = int(input("请输入年龄:"))
    if age < 18:
        raise AgeError(age)               # 使用自定义异常对象引发异常
except AgeError as e:
    print(e)
else:
    print("欢迎光临")
```

以上代码首先定义了一个继承 Exception 的 AgeError 类，并在 AgeError 类中定义了一个 age 属性，表示用户输入的年龄。然后通过 try-except 语句捕获因用户输入的年龄小于 18 而引发的 AgeError 异常，如果用户输入的年龄小于 18，则抛出 AgeError 异常，输出异常信息。异常信息由 __str__()方法的返回值给出。否则输出"欢迎光临"。

运行程序，输入 12，结果如下所示。

```
请输入年龄: 12
18 岁以下不得入内
```

再次运行程序，输入 20，结果如下所示。

```
请输入年龄: 20
欢迎光临
```

自定义异常类必须继承 Exception 类或其子类，通过 __init__()方法初始化异常类对象，然后通过 __str__()方法返回异常类对象说明信息。自定义异常类通过 raise 语句抛出，捕获异常后可直接通过异常对象输出说明信息。

## 7.5　代码调试

### 1. 设置断点

使用 PyCharm 进行代码调试的第一步,单击程序左侧与行号的中间空白处,会出现一个红色圆点,用来标记一行待挂起的代码。当调试程序运行到断点处时,程序会在断点处停止,用于观察变量等信息,如图 7-1 所示。

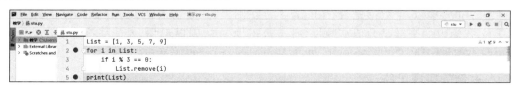

图 7-1　设置断点

### 2. 调试

右击程序编辑区,在弹窗内选择 Debug 选项,进入调试界面,如图 7-2 所示。

图 7-2　Debug 调试

进入调试界面后,可以使用不同的快捷键进行不同方式的调试,如表 7-2 所示。

表 7-2　PyCharm 调试快捷键

| 快　捷　键 | 作　　　　用 |
| --- | --- |
| F7 | step into 进入。按顺序逐行停止,如果遇到函数调用,会进入函数内,并在调试界面中显示运行该行代码后的变量信息 |
| F8 | step over 单步。与 F7 相似,但如果程序遇到函数时,不会进入函数中,会直接跳过该函数,执行其后的代码 |
| F9 | resume program 运行到下一断点处,适合快速调试 |
| Shift＋F8 | 跳出函数。当进入函数内时,可以使用快捷键跳出函数 |

快捷键调试不仅可以进行代码调试,而且可以用来辅助理解代码的运行流程。使用单步调试,可以看到程序每一步的变量变化信息,帮助理解复杂代码。另外,输出函数 print()也可以通过输出想看到的变量信息,进行代码的调试和对程序的理解。

视频讲解

# 7.6　实训案例

使用 input()函数输入一行数据，要求输入至少 5 个用英文逗号隔开的数值型数据（整数或浮点数字符串），放入列表 ls 中。

（1）逐个输出输入的数据，若输入的数据存在非数值型数据，则提示"请全部输入数值型数据"。

（2）并检验第 5 个数据是否存在，若不存在则提示"请输入至少 5 个数据"。

（3）若输入的全部是数值型数据，且个数不少于 5，则提示"输入数据符合要求"。

（4）无论输入的是否符合要求，程序结束时都输出"程序结束"。

**1. 案例的实现思路**

分别输入符合规则和不符合规则的数据，观察程序运行状况。

**2. 案例参考代码**

```python
s = input('请输入至少 5 个用英文逗号隔开的数值型数据:')
ls = s.split(',')
try:
    for i in ls:
        print(float(i))
    print(f'第 5 个数据为{ls[4]}')
except ValueError:
    print('请全部输入数值型数据')
except IndexError:
    print('请输入至少 5 个数据')
else:
    print('输入数据符合要求')
finally:
    print('程序结束')
```

运行结果如图 7-3 所示。

图 7-3　运行结果

## 本章小结

本章主要讲解两部分,第一部分是 Python 的异常和处理机制,包括常见的异常信息、Python 的标准异常、try-except 和 finally 异常处理、raise 和 assert 异常抛出及自定义异常等。第二部分是异常的调试,常规可以用输出函数 print(),输出变量信息来进行调试,如果运用 PyCharm 调试功能,有 F7 和 F8 键单步调试以及 F9 键的快捷调试。

## 习题

### 一、填空题

1. Python 中_____是所有异常类的父类。

2. 当程序中使用了一个未定义的变量时会引发_____异常。

3. 自定义异常需要继承_____类。

4. 若不满足 assert 语句中的表达式会引发_____异常。

### 二、判断题

1. try-except 语句中有且只有一个 except 子句。　　　　　　　　　　（　　　）

2. raise 语句可以抛出指定的异常。　　　　　　　　　　　　　　　（　　　）

3. finally 子句在任何情况下都会被执行。　　　　　　　　　　　　（　　　）

4. try-except 语句可以有多个 finally 子句。　　　　　　　　　　　（　　　）

5. 断言语句中表达式的值为 True 时会触发 AssertionError 异常。　　（　　　）

### 三、选择题

1. 下列选项中,关于异常描述错误的是(　　　)。
   A. 异常是程序运行时产生的
   B. 错误就是异常,异常就是错误
   C. except 子句一定位于 else 和 finally 子句之前
   D. IndexError 是 Exception 的子类

2. 当 try 子句中的代码没有任何错误时,一定不会执行(　　　)子句。
   A. try　　　　　　　　B. except　　　　　　　C. else　　　　　　　D. finally

3. 若执行代码 1/0,会引发(　　　)异常。
   A. KeyError　　　　　　　　　　　　　B. NameError
   C. ZeroDivisionError　　　　　　　　　D. IndexError

4. 在完整的异常捕获语句中,各子句的顺序为(　　　)。
   A. try→except→else→finally　　　　　B. try→else→except→finally
   C. try→except→finally→else　　　　　D. try→else→finally→except

5. 下列代码运行后会引发(　　　)异常。

```
num_li = [4, 5, 6]
print(num_li[3])
```

A. SyntaxError B. IndexError

C. KeyError D. NameError

## 四、简答题

1. 请解释什么是异常。

2. 请简述 4 种 Exception 类异常并说明其产生的原因。

3. 请写出 raise 语句抛出异常的三种格式，并简单介绍每种格式的功能。

## 五、编程题

1. 编写程序，计算正方形的面积，若边长 $a$ 为负值则抛出异常（正方形的面积公式：$S = a^2$）。

2. 编写程序，输入三角形三条边判断能否构成直角三角形，若能构成则计算三角形的面积和周长，否则引发异常。

案例导读

第 **8** 章

# 面向对象编程

## 学习目标

➢ 理解面向过程和面向对象编程的思想。

➢ 理解类和对象的概念,能够进行类的抽象设计。

➢ 掌握类和对象的创建。

➢ 掌握类的属性和方法的用法。

➢ 掌握类的封装、继承和多态的概念及其用法。

　　面向对象程序设计(Object Oriented Programming,OOP)的思想主要是在编程语言发展过程中,面对软件业务需求越来越大、功能越来越复杂的软件危机,而逐步成熟的新的编程思想。这种思想可以快速地、高效地进行软件开发。这种思想较为自然地模拟了人类对客观世界的认识,成为当前软件工程学的主流方法。它使得软件设计更加灵活,支持代码复用和设计复用,代码具有更好的可读性和可扩展性,大幅度降低了软件开发的难度。Python 是真正面向对象的高级动态编程语言,完全支持面向对象的基本功能,如封装、继承、多态以及对基类方法覆盖或重写。学习 Python 程序设计,掌握面向对象编程思想至关重要。通过本章的学习,能够初步建立面向对象编程的思想,并熟悉运用此类思想进行有效的程序开发。

## 8.1　理解面向对象思想

### 8.1.1　编程思想发展简介

1940 年以前，编程的思想是面向机器的。最早的程序设计都是采用机器语言来编写的，直接使用二进制码来表示机器能够识别和执行的指令和数据。简单来说，就是通过 0 和 1 的序列来代表程序语言。例如，使用 0000 代表加载功能、0001 代表存储功能等。

机器语言由机器直接执行，速度非常快，但有一个很明显的缺点：开发非常困难，一旦发现程序错误，想要进行修改会非常麻烦。这样直接导致程序编写效率十分低下，编写程序花费的时间往往是实际运行时间的几十倍甚至几百倍。

为了让程序编写起来更简单，从机器语言的基础上发展出了汇编语言。汇编语言亦称符号语言，用助记符代替机器指令的操作码，用地址符号（Symbol）或标号（Label）代替指令或操作数的地址。汇编语言由于采用了助记符来编写程序，相对于机器语言的二进制代码编程更方便，在一定程度上简化了编程过程。例如，用 LOAD 来代替 0000，使用 STORE 来代替 0001。虽然汇编语言相比机器语言提升了可读性，但其本质上还是一种面向机器的语言，编写同样困难且容易出错。

机器语言时代的代表人物是冯·诺依曼（John von Neumann），被称为"现代计算机之父"。

脱离机器第一步：面向过程、面向机器的语言通常情况下被认为是一种"低级语言"，为了解决面向机器的语言存在的问题，计算机科学的前辈们又创建了面向过程的语言。面向过程的语言被认为是一种"高级语言"，相比面向机器的语言来说，面向过程的语言已经不再关注机器本身的操作指令和存储等方面，而是关注如何一步一步地解决具体的问题，即面向问题的过程来设计代码。

相比面向机器的思想来说，面向过程是一次思想上的飞跃，将程序员从复杂的机器操作和运行的细节中解放出来，转而关注具体需要解决的问题；面向过程的语言也不再需要和具体的机器设备绑定，从而具备了移植性和通用性；面向过程的语言本身也更加容易编写和维护。这些因素叠加起来，大大减轻了程序员的负担，提升了程序员的工作效率，从而促进了软件行业的快速发展。典型的面向过程的语言有 COBOL、FORTRAN、BASIC、C 语言等。面向过程时期的代表人物是"C 语言之父"——丹尼斯·里奇（Dennis Ritchie）。

第一次软件危机：结构化程序设计。根本原因是一些面向过程语言中的 goto 语句导致的面条式代码，极大地限制了程序的规模。结构化程序设计（structured programming），是一种编程范式。它采用子程序（函数就是一种子程序）、代码区块、for 循环以及 while 循环等结构，来替换传统的 goto 语句。希望借此来改善计算机程序的明晰性、质量以及开发时间，并且避免面条式代码弊端。

当代科学技术的发展促使计算机硬件的飞速发展，同时应用复杂度越来越高，软件规模越来越大，原有的程序开发方式已经越来越不能满足需求了。20 世纪 60 年代爆发了第一次软件危机，典型表现有软件质量差、项目无法如期完成或者项目严重超支等，因为软件而导致的重大事故时有发生。软件危机最典型的例子莫过于 IBM 公司的 System/360 的操作系统开发，整个过程共花费了 5000 人一年的工作量，写出将近 100 万行的源代码，总共投入

5亿美元。尽管投入如此巨大,但项目进度却一再延迟,软件质量也得不到保障。

为了解决软件危机问题,提出了有针对性的解决方法,即"软件工程"。虽然软件工程提出之后也曾被视为软件领域的"银弹",但后来事实证明,软件工程同样无法解决软件危机。差不多同一时间,"结构化程序设计"作为另外一种解决软件危机的方案被提出来。第一个结构化的程序语言 Pascal 也在此时诞生,并迅速流行起来。

结构化程序设计的主要特点是抛弃 goto 语句,采取"自顶向下、逐步细化、模块化"的指导思想。结构化程序设计本质上还是一种面向过程的设计思想,但通过"自顶向下、逐步细化、模块化"的方法,将软件的复杂度控制在一定范围内,从而在整体上降低了软件开发的复杂度。结构化程序设计是面向过程设计思想的一个改进,使得软件开发更加符合人类思维的特点。

第二次软件危机:面向对象的程序设计。结构化编程的风靡在一定程度上缓解了软件危机,然而好景不长,随着硬件的快速发展,业务需求越来越复杂,以及编程应用领域越来越广泛,第二次软件危机很快就到来了。

第二次软件危机的根本原因还是在于软件生产力远远跟不上硬件和业务的发展,相比第一次软件危机主要体现在"复杂性",第二次软件危机主要体现在"可扩展性"和"可维护性"上面。传统的面向过程(包括结构化程序设计)方法已经越来越不能适应快速多变的业务需求,软件领域迫切希望找到新的"银弹"来解决软件危机,在这种背景下,面向对象的思想开始流行起来。

面向对象的思想并不是在第二次软件危机后才出现的,早在 1967 年的 Simula 语言中就开始被提出来,但第二次软件危机促进了面向对象的思想的发展。面向对象的思想真正开始流行是在 20 世纪 80 年代,主要得益于 C++的功劳,后来的 Java、C♯把面向对象的思想推向了新的高峰。到现在为止,面向对象的思想已经成为主流的开发思想。和面向过程相比,面向对象的思想更加贴近人类思维的特点,更加脱离机器思维,是一次软件设计思想上的飞跃。

## 8.1.2 面向过程与面向对象

### 1. 面向过程编程

面向过程编程(Procedure Oriented Programming,POP)其实是最为实际的一种思考方式,就算是面向对象的方法中也含有面向过程的思想,可以说面向过程是一种基础的方法,它考虑的是实际地实现。一般的面向过程是从上往下步步求精,所以面向过程最重要的是模块化的思想方法。面向过程编程的一般步骤如图 8-1 所示。

**图 8-1 面向过程编程步骤**

面向过程开发的特点如下。

(1)注重过程和步骤,不注重职责分工。

(2)需求复杂,代码会变得非常复杂。

(3)开发复杂大型项目,没有固定模式,开发难度大。

（4）适合进行算法研究和底层框架开发。

下面以五子棋的面向过程开发为例，了解面向过程的开发过程。

面向过程的设计思路是首先分析问题的步骤：①开始游戏；②黑子落棋；③绘制画面；④判断输赢；⑤白子落棋；⑥绘制画面；⑦判断输赢；⑧若无输赢，返回步骤②继续循环，直到最后输出结果。把上面的每个步骤用对应的函数来实现，问题就解决了，如图 8-2 所示。

图 8-2　面向过程的五子棋开发

### 2. 面向对象编程

面向对象编程（Object Oriented Programming，OOP）的主要思想是把构成问题的各个事务分解成各个对象，建立对象的目的不是为了完成一个步骤，而是为了描述一个事务在整个解决问题的步骤中的行为。面向对象编程的一般步骤如图 8-3 所示。

图 8-3　面向对象编程步骤

面向对象开发的特点如下。

（1）注重类和对象，不同的对象有不同的行为。

（2）适合大型复杂项目分布式开发，加快效率。

（3）有固定模式，开发难度相对轻松。

下面以五子棋的面向对象开发为例，了解面向对象的开发过程。

面向对象的设计是用另外的思路来解决问题。整个五子棋可以分为以下三部分。

（1）黑白双方，这两方的行为是一模一样的。

（2）棋盘系统，负责绘制画面。

（3）规则系统，负责判定诸如犯规、输赢等。

第一类对象（玩家对象）负责接收用户输入，并告知第二类对象（棋盘对象）棋子布局的变化，棋盘对象接收到了棋子的变化就要负责在屏幕上面显示出这种变化，同时利用第三类对象（规则系统）来对棋局进行判定，如图 8-4 所示。

图 8-4　面向对象的五子棋开发

不管是面向过程还是面向对象其实都是解决问题的思维方式，都是代码组织的方式。一般来讲，解决简单问题时可以使用面向过程，而解决复杂问题时宏观上使用面向对象解决，但是微观细节处理上仍然使用面向过程。

## 8.2 类和对象

### 8.2.1 类的概念

在面向对象中,最基础也是最重要的两个概念是类和对象。在学习面向对象其他内容之前,要先将类和对象的概念理解透彻,才能更加灵活有效地使用面向对象的思想进行编程开发。

类是具有相同特征和行为的一类事物的统称。它是抽象的,不能直接使用。在类的创建过程中会将事物的特征映射成为一个一个的属性,用来从不同的维度刻画客观事物。另外,会将事物的行为映射成为一个一个的方法,用来描述事物的动态变化。

类相当于一个模板,是专门用来创建对象的,好比建造房子时对应的设计图纸。

### 8.2.2 对象的概念

对象是由类创建出来的实例,用来描述客观事物,是具体的,可以直接使用。由类创建出来的对象拥有该类定义的属性和方法。一个类可以创建出多个对象,不同的对象对应的属性值各有不同。

如果说类是建造房子时的图纸,那么对象就是按照图纸建造出来的房子,有了具体的颜色、高度和功能等。

### 8.2.3 类的设计

一个好的软件产品离不开功能的设计,一个好的数据库离不开数据表的设计,同样在面向对象编程过程中,类的设计的好坏会直接影响整个项目的开发进度和效率。而在进行类的设计时要从类的三要素之类名、类的属性和类的方法着手进行。

类名:在 Python 中类名一般采用的是大驼峰的命名方式,如 MyFamily、YourName。类的属性:通过对客观事物的分析,将某类事物的特征抽象为类的属性,而每一种属性在类中的表现形式就是一个个的变量。类的方法:也是经过对客观事物的分析之后,将某类事物的行为抽象为类的方法,方法简单来讲其实就是定义在类中的函数,都是用 def 关键字进行定义,每一个行为在类中的表现形式其实就是一个个的方法。

例如,现有如下场景:一只黄色小狗,名字叫 Tom,对陌生人汪汪叫,对主人会摇尾巴。要将场景中描述的内容抽象成为类,可以抽取类名为犬类(Dog),类的属性有姓名(name)和颜色(color),类的方法有叫(speak)和摇(shake)。对应的类的结构如图 8-5 所示。

另一个场景:银行职员小明,工号 a2567,工资 8000 元/月,每天打卡上班,月末根据绩效领取工资。可以抽取类名为员工类(BankEmployee),类的属性有姓名(name)、工号(emp_num)和工资(salary),类的方法有打卡(check_in)和领取工资(get_salary)。对应的类的结构如图 8-6 所示。

在面向对象编程中,能有效地提取出合适的属性和编写出高效合理的方法对于整个开发是最为重要的环节。所以面向对象编程一定要注重类的设计能力的培养。

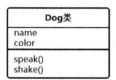

图 8-5　Dog 类结构图　　　　　图 8-6　BankEmployee 类结构图

### 8.2.4　类和对象的创建

Python 中使用 class 关键字来定义类,其基本语法是:

```
class 类名():
    类的属性
    类的方法
```

类名使用单词首字母大写的驼峰命名方法。类名后面的括号是用来表示继承关系的,所以当类不需要继承其他自定义的类时,可以省略不写。而继承的概念会在后续的章节详细介绍。括号后面用冒号结尾,并开始类的属性与方法的定义。代码如例 8-1 所示。

【例 8-1】　类和对象的创建代码示例。

```
# 类名:1. 见名知义;2. 大驼峰命名风格
class Person:
    # 类的属性
    country = "A 国"

    # 类的方法
    def run(self):
        print("您坚持运动,身体变得更健康啦!")

    def eat(self):
        print("您因为吃了食物,变胖了")

    def home(self):
        print("我是一名{}公民。".format(Person.country))
```

当类定义完成之后,便可以用类来实例化对象。创建方式如下:

```
对象名 = 类名()
```

如果类中的构造方法\_\_init\_\_()有对应的实例属性,则创建对象时还需要给实例属性进行初始化。

创建好对象之后,访问类的属性和方法的格式如下:

```
对象名.属性名
对象名.方法名()
```

对象创建示例如下:

```
stu1 = Person()              # 创建第一个对象
stu2 = Person()              # 创建第二个对象
```

```
print(stu1, stu1.country)        # 打印对象 stu1,并访问 country 属性
print(stu2, stu2.country)        # 打印对象 stu2,并访问 country 属性
stu1.run()                       # 对象 stu1 访问 run()方法
stu1.eat()                       # 对象 stu1 访问 eat()方法
stu2.home()                      # 对象 stu2 访问 home()方法
```

示例 8-1 代码输出结果如下:

```
<__main__.Person object at 0x000001B873478B38 > A 国
<__main__.Person object at 0x000001B873478D68 > A 国
您坚持运动,身体变得更健康啦!
您因为吃了食物,变胖了
我是一名 A 国公民。
```

打印对象时,输出的是创建对象的类名和对象所处的内存单元地址。创建的多个对象都可以访问该类中的属性和方法。具体知识点将在本章进行讲解。

## 8.3 属性

面向对象中的属性是用来刻画事物特征的,可以分为实例属性和类属性,而属性在程序中是用变量来表征的,所以也是实例变量和类变量。

### 8.3.1 实例属性

实例属性用来刻画实例对象的特征,在类的内部用 self 进行访问,且定义在构造方法__init__()中。在类外部可用对象名访问,代码如例 8-2 所示。

【例 8-2】 构造方法创建实例属性代码示例。

```
class Person:
    def __init__(self, weight):
        self.weight = weight
stu = Person(50)
print(stu.weight)                # 50
```

由例 8-2 可以看出,实例属性是要定义在构造方法__init__()中的,用来对各个实例对象进行初始化,并且在创建对象时会自动调用。其定义的语法格式如下:

```
def __init__(self, [arg1, arg2,…]):
        self.arg1 = value1
        self.arg2 = value2
        …
```

(1) 实例属性定义在__init__()方法中。

(2) self.参数名 = 值:将形参数据存储到对象空间。

(3) 类内部使用 self.变量名,访问实例变量。

上述方法由两个下画线__作为前缀和后缀的方法,称为类的专有方法,可以用 dir()函数进行查看。类的专有方法如表 8-1 所示。

表 8-1　类的专有方法

| 方　法 | 说　明 | 方　法 | 说　明 |
|---|---|---|---|
| \_\_init\_\_ | 构造方法,在生成对象时调用 | \_\_setitem\_\_ | 按照索引赋值 |
| \_\_del\_\_ | 析构方法,释放对象时使用 | \_\_getitem\_\_ | 按照索引获取值 |
| \_\_str\_\_ | 打印字符串 | \_\_len\_\_ | 获取长度 |
| \_\_cmp\_\_ | 比较运算 | \_\_call\_\_ | 函数调用 |
| \_\_add\_\_ | 加运算 | \_\_sub\_\_ | 减运算 |
| \_\_mul\_\_ | 乘运算 | \_\_truediv\_\_ | 除运算 |
| \_\_mod\_\_ | 求余运算 | \_\_pow\_\_ | 乘方 |

例如,最常用的\_\_init\_\_()、\_\_del\_\_()和\_\_str\_\_()方法,代码如例 8-3 所示。

【例 8-3】　类的专有方法代码示例。

```python
class Person:
    # 构造方法在创建对象时自动调用
    def __init__(self, name, age, weight):
        self.name = name
        self.age = age
        self.weight = weight

    # 在删除对象或者整个程序结束时自动调用
    def __del__(self):
        print("我是{},我的内存空间将被系统收回。".format(self.name))
    # 在打印对象时自动调用
    def __str__(self):
        return "我叫{},今年{}岁,体重{}千克".format(self.name, self.age, self.weight)


person1 = Person("小李", 18, 50)
person2 = Person("小陈", 25, 65)
print(person1)
print(person2)
```

输出结果如下:

```
我叫小李,今年 18 岁,体重 50 千克
我叫小陈,今年 25 岁,体重 65 千克
我是小李,我的内存空间将被系统收回。
我是小陈,我的内存空间将被系统收回。
```

在创建 person1 和 person2 对象时,系统会自动调用构造方法,分别对两个对象进行初始化,所以程序结果输出了字符串"小李出生了"和"小陈出生了",说明肯定是运行了\_\_init\_\_方法。

然后用 print()函数打印两个对象时,不再是之前打印出对象地址了,而是打印出\_\_str\_\_()方法中对应的字符串信息,而此方法就是专用来返回一个字符串,描述对象基本信息的。

在最后程序结束后,还打印出了"我是小李,我的内存空间将被系统收回。"和"我是小陈,我的内存空间将被系统收回。",说明执行了析构方法\_\_del\_\_(),而析构方法正是用来进行对象删除和程序运行结束销毁对象收回内存空间的。

除了这三种常用的类的专有方法,还有很多其他具有特定功能的方法,大家可以在今后

进一步了解各专有方法的作用和使用场景。

## 8.3.2　类属性

在 Python 中,类本身其实也是一种对象,都继承于 object 类,而类属性就是用来刻画类对象的特征的,在类的内部用类名进行访问,直接定义在类的内部即可。在类外部可用对象名访问,也可以用类名访问,但建议类属性用类名进行访问。因为类名访问类属性可以直接修改类属性的值,但是实例对象访问类属性,修改值的时候无法直接修改,而会在对象内存空间中新建一个与类属性名同名的变量,代码如例 8-4 所示。

【例 8-4】　类属性代码示例。

```
class Person:
    country = "A国"

    def home(self):
        print("我是一名{}公民。".format(Person.country))


person1 = Person()
person2 = Person()
print("使用实例对象调用类变量", person1.country, person2.country)
print("使用类对象调用类变量", Person.country)
person1.home()
person1.country = "B国"
print("使用实例对象调用类变量", person1.country, person2.country)
print("使用类对象调用类变量", Person.country)
person1.home()
```

输出结果如下:

```
使用实例对象调用类变量 A国 A国
使用类对象调用类变量 A国
我是一名A国公民。
使用实例对象调用类变量 B国 A国
使用类对象调用类变量 A国
我是一名A国公民。
```

第一次用 person1 对象、person2 对象和类名 Person 访问 country 类属性,访问的都是类 Person 存储空间下的 country,所以输出都是 A 国。

执行程序"person1.country＝"B国""后,此时系统会在 person1 对象的空间下面新建一个 country 的变量并赋值 B 国,所以再用对象 person1 访问 country 得到的结果是 B 国;用对象 person2 访问 country 时,因为对象之间的存储空间都是相互独立的,所以 person2 空间中没有 country,访问的还是类 Person 空间下面的 country,因此跟类名 Person 访问的结果一样,是 A 国。

而两次用 person1 调用 home( )方法,返回的都是 A 国,因为 home( )方法里面访问 country 都是用类名访问的,值并没有改变。

所以访问类属性建议用类名访问,访问实例属性用实例对象访问,这样不会产生混乱。

综合类和对象创建、方法和实例属性的讲解可以将所用案例结合成一个综合的案例,代码如例 8-5 所示，有助于更加全面地研究，并回顾、巩固整个基础知识点。

【例 8-5】 完整的类与对象的创建与使用代码示例。

```python
# 类的创建
class Person:
    # 类变量：表征类自身的特有属性
    country = "A 国"
    number = 0

    # 实例变量：定义在构造方法当中的变量
    def __init__(self, name, age, weight):
        self.name = name
        self.age = age
        self.weight = weight
        Person.number += 1
        print("{}出生了,我是被创建的第{}个{}对象".format(self.name, Person.number,
Person.country))

    def __del__(self):
        print("我是{},我的内存空间将被系统收回。".format(self.name))

    def __str__(self):
        return "我叫{},今年{}岁,体重{}kg".format(self.name, self.age, self.weight)

    # 类的方法 ->函数
    def eat(self, food):
        if food == "零食 1":
            self.weight += 0.1
        elif food == "零食 2":
            self.weight += 2
        print("您因为吃了零食,变胖了,目前的体重是{}kg".format(self.weight))

    def run(self):    # self：代表对象本身
        self.weight -= 1.5
        return "您运动之后,体重减轻了,目前体重是{}kg".format(self.weight)

    def home(self):
        print("我是一名{}公民。".format(Person.country))


# 对象的创建：对象名 = 类名()
person1 = Person("小李", 18, 50)
person2 = Person("小陈", 25, 65)
print(person1, person2)
person1.eat("零食 1")
person2.eat("零食 2")
person2.eat("零食 2")
person1.run()
print(dir(Person))
```

## 8.4　方法

面向对象编程中,类的方法用来描述行为,根据使用方式的不同可以大致分为实例方法、类方法和静态方法。

### 8.4.1　实例方法

在类的内部,使用 def 关键字来定义一个方法,与一般函数定义不同,类的实例方法必须包含参数 self,且为第一个参数,self 代表的是类的实例。一般方法体涉及需要访问修改实例属性的值,那么可以将该方法定义为实例方法,而且来定义类的方法时,更多的场景是实例方法的定义,另外两类方法相对使用会少一些。在类的外部用对象名可以访问。其语法格式如下:

```
def 方法名(self,方法参数):
    方法体
    return 返回值
```

语法说明如下:

(1) 实例方法必须创建在类中。

(2) 方法第一个参数是 self,代表对象本身。

(3) "return 返回值"可有可无,与定义函数相同。

扩展 Person 类中的实例方法 run()方法和 eat()方法,代码如例 8-6 所示。

【例 8-6】　实例方法代码示例。

```
class Person:
#8.4节介绍实例属性,可进一步学习实例方法的应用
    def __init__(self, name, weight):
        self.weight = weight
        self.name = name

    def eat(self, food):                # 第一个参数必须是 self
        if food == "零食 1":
            self.weight += 0.1
        elif food == "零食 2":
            self.weight += 2
        print("{}因为吃了{},变胖了,目前体重是{}kg".format(self.name, food, self.weight))
    # self: 代表对象本身
    def run(self):
        self.weight - = 1.5
        print("{}运动之后,体重减轻了,目前体重是{}kg".format(self.name, self.weight))

stu1 = Person("小李", 50)        # 初始化 stu1 对象体重为 50kg
stu2 = Person("小陈", 60)        # 初始化 stu2 对象体重为 60kg
stu1.run()                       # 调用实例方法时,不需要给 self 传递参数,self 自动获取调
                                 # 用对象的地址

stu1.eat("零食 1")
stu2.eat("零食 2")
```

输出结果如下：

```
小李运动之后,体重减轻了,目前体重是 48.5kg
小李因为吃了零食 1,变胖了,目前体重是 48.6kg
小陈因为吃了零食 2,变胖了,目前体重是 62kg
```

当 Person 类对象调用 run( )方法和 eat( )方法时,self 会自动获取对象的地址,所以不需要给实例方法的 self 传参。当 stu1 调用 run( )方法时,小李体重变为了 48.5kg,之后又吃冰淇淋体重变为了 48.6kg,这不会影响到 stu2 对象的体重,对象之间的存储空间是相互独立的。当用 stu2 调用 eat( )方法是,self 获取的是 stu2 的地址,小陈的体重变为了 62kg。简单来讲 self 的作用就是通过获取地址,可以知道是哪一个实例对象在调用自己,让每个对象的属性值互不影响,相互独立。

### 8.4.2　类方法

在 Python 中,类方法要使用修饰器@classmethon 来标识,其语法格式如下：

```
class 类名:
    @classmethon
    def 类方法名(cls):
        方法体
```

上述格式中,类方法的第 1 个参数为 cls,它代表类本身,可以通过 cls 来访问类的属性。一般如果某个方法体只涉及访问类属性,那么可以将这种方法定义成类方法。在类的外部,可以通过对象名和类名访问类方法,代码如例 8-7 所示。

【例 8-7】　类方法代码示例。

```
class Person:
    home = "A 市"

    @classmethod
    def change_home(cls, new_home):
        cls.country = new_home
        print("恭喜您已更改户籍地为{}".format(cls.country))

stu1 = Person()
stu1.change_home("B 市")
```

输出结果如下：

```
恭喜您已更改户籍地为 B 市
```

### 8.4.3　静态方法

在 Python 中,静态方法要使用修饰器@staticmethon 来标识,其语法格式如下：

```
class 类名:
    @staticmethon
    def 静态方法名():
        方法体
```

上述格式中,静态方法的参数列表中没有任何参数,这就是它跟前面所学的实例方法的不同。

没有 self 参数,这一点也导致其无法访问类的实例属性;也没有 cls 参数,导致它也无法访问类属性。

通过以上的描述,可以从中得出结论:静态方法与定义它的类没有直接关系,只是起到类似于函数的作用。使用静态方法可以通过以下两种方式:一是可以通过对象名调用;二是可以通过类名调用,代码如例 8-8 所示。

【例 8-8】 静态方法代码示例。

```python
class Person:

    @staticmethod
    def run(time):              # time:跑百米所需时间
        speed = 100/time
        print("您的百米跑步平均速度是{:.3f}m/s".format(speed))


# 对象的创建:对象名 = 类名()
person1 = Person()
person1.run(13)
Person.run(14)
```

输出结果如下:

```
您的百米跑步平均速度是 7.692m/s
您的百米跑步平均速度是 7.143m/s
```

静态方法是类中的函数,不需要实例。静态方法主要是用来存放逻辑性的代码,逻辑上属于类,但是和类本身没有关系,也就是说在静态方法中,不会涉及类中的属性和方法的操作。可以理解为,静态方法是个独立的、单纯的函数,它仅仅托管于某个类的名称空间中,便于使用和维护。

通过对三种方法的介绍,一般在如下场景中使用对应方法。

(1)需要操作实例属性值时,使用实例方法,一般来讲,实例方法在面向对象中是最常用的方法。

(2)当方法中只涉及需要操作类属性值时,可以使用类方法。

(3)需要提供一些功能,但不需要操作类属性和实例属性时,使用静态方法。

## 8.5 面向对象特征

面向对象语言除了类和对象、属性和方法这些基础知识,还有很多高阶的面向对象概念,其中最重要的三大特征是封装、继承和多态。本节将主要讲解关于面向对象三大特征的概念与使用方法。

### 8.5.1 封装

在面向对象编程中,封装(encapsulation)就是将抽象得到的数据和行为(或功能)相结

视频讲解

合,形成一个有机整体(类)。封装的目的是增强安全性和简化编程,使用者不必了解具体的实现细节,而只要通过外部接口、特定的访问权限来使用类的成员。简而言之,隐藏属性、方法与方法实现细节的过程统称为封装。为了保护类内部的属性,避免外界任意赋值,可以采用以下方式实现:

(1) 在属性名或者方法名的前面加上"__"(两个下画线),定义属性为私有属性或者私有方法。

(2) 通过在类内部定义两个方法供外界调用,实现属性值的设置及获取。

私有化的使用代码如例 8-9 所示。

【例 8-9】 私有化的使用代码示例。

```python
class Person:
    def __init__(self, name, age, weight):
        self.name = name
        self.__age = age
        self.__weight = weight

    def __secret(self):
        return "我的年龄%d和体重%.2f千克是秘密,不方便透露。" % (self.__age, self.__weight)

    def get__secret(self):
        print(self.__secret())


person1 = Person("小陈", 18, 62.5)
person2 = Person("小美", 18, 50)
print(person1.__age, person1.__secret())
```

输出结果如下:

```
AttributeError: 'Person' object has no attribute '__age'
```

因为将 age 属性和 secret()方法进行了私有化,所以在程序外部无法进行直接访问,进而系统产生属性异常。

为将例 8-9 进行更为合理地封装,需要设置相应的方法接口实现,实现的方式代码如例 8-10 所示。

【例 8-10】 封装代码示例。

```python
class Person:
    def __init__(self, name, age, weight):
        self.__name = name
        self.__age = age
        self.__weight = weight

    def set_name(self, new_name):
        self.__name = new_name

    def get_name(self):
        return self.__name
```

```
    def set_age(self, new_age):
        self.__age = new_age

    def get_age(self):
        return self.__age

    def set_weight(self, new_weight):
        self.__age = new_weight

    def get_weight(self):
        return self.__weight

    def __secret(self):
        return "我的年龄%d和体重%.2fkg是秘密,不方便透露。" % (self.__age, self.__weight)

    def get_secret(self):
        print(self.__secret())

person1 = Person("小陈", 18, 62.5)
person2 = Person("小美", 18, 50)
print("我的名字叫%s" % person1.get_name())
person2.set_name("小花")
print("我的名字叫%s" % person2.get_name())
person1.get_secret()
person2.get_secret()
```

输出结果如下：

```
我的名字叫小陈
我的名字叫小花
我的年龄18和体重62.50kg是秘密,不方便透露。
我的年龄18和体重50.00kg是秘密,不方便透露。
```

修改后的程序中所有属性都进行了私有化,如__name、__age等;但各个实例属性有获取值的方法接口,如 get_name、get_age 等;有修改属性值的方法接口,如 set_name、set_age 等。

这样做的好处是,在类的外部无法直接访问和修改类的内部成员,更加安全可靠。

当然 Python 中的私有化其实是一种伪私有化技术,程序员是可以通过特定方式访问私有化属性和方法的,但是建议一般不要使用,避免破坏类的封装特性。访问私有化属性和方法的格式如下:

```
对象名._类名__私有变量名
对象名._类名__私有方法名()
```

例如,上述例子中访问私有化属性__name 和私有化方法__secret()的格式是:

```
person1._Person__name
person1._Person__secret()
```

### 8.5.2 继承

面向对象的编程带来的主要作用之一是代码的重用,实现这种重用的方法之一是继承机制。类的继承是指在一个现有类的基础上构建一个新的类(派生类),构建出来的新类被称作子类,现有类被称为父类(基类),子类会自动拥有父类的属性和方法。

继承：一个派生类(derived class)继承基类(base class)的属性和方法。

简单来说,它们之间的关系是：派生类是由基类派生出来的,基类就是派生类的父类,而派生类就是基类的子类。

为了更好地学习继承,本节将从单继承、多继承及重写三个方面进行讲解。

**1. 单继承**

在 Python 程序中,单继承的语法格式如下：

```
class 子类名(父类名):
    pass
```

单继承指的是当前定义的子类只有一个父类。假设当前有两个类：father 和 son,其中 son 类是 father 类的子类,基本格式如下：

```
class father(object):
    pass
class son(father):
    pass
```

**温馨提示：**

(1) 如果在类的定义中没有标注出父类,则这个类默认继承至 object 类。例如,class father(object)和 class father 是等价的,括号可以省略。

(2) pass 是空语句,是为了保持程序结构完整性,代码如例 8-11 所示。

【例 8-11】 单继承代码示例。

```
class Animal:
    def __init__(self, kinds, age):
        self.kinds = kinds
        self.age = age

    def eat(self):
        print("吃")
    def drink(self):
        print("喝")
    def run(self):
        print("{}能跑.".format(self.kinds))
    def sleep(self):
        print("睡")


class Dog(Animal):
    def bark(self):
        print("汪汪汪……")
```

```
# 父类对象
animal = Animal("犬类", 2)
animal.run()
print("{}岁的{}。".format(animal.age, animal.kinds))
# 子类对象
dog1 = Dog("哈士奇", 1)
dog1.run()
dog1.bark()
print("{}岁的{}非常可爱。".format(dog1.age, dog1.kinds))
```

输出结果如下：

```
犬类能跑
2 岁的犬类。
哈士奇能跑。
汪汪汪……
1 岁的哈士奇非常可爱。
```

因为 Dog 类继承了 Animal 类，所以 Dog 类创建的对象 dog1 可以调用父类的 run() 方法和其他方法，也可以访问父类的属性，而且可以在父类已有的属性和方法的基础上，扩展自己新的属性和方法。例如，bark() 方法就是子类继承了父类方法之后，自己扩展的新方法。

**2. 多继承**

在 Python 程序中，有时一个子类可能会有多个父类，这就是多继承。子类可以拥有多个父类，并且具有他们各个父类的方法和属性。

多继承语法格式如下：

```
class 子类名(父类名 1,父类名 2,…):
```

多继承的演示代码如例 8-12 所示。

**【例 8-12】** 多继承代码示例。

```
class Father:
    height = 180
    def f_character(self):
        return "有责任、有担当"
class Mother:
    appearance = "漂亮"
    def m_character(self):
        return "善良、体贴"


class Son(Mother, Father):
    def character(self):
        return "有理想、有道德、有文化、有纪律"


son = Son()
print("我继承了父亲的 %dcm 的身高,母亲 %s 的样子。" % (son.height, son.appearance))
print("我继承了父亲 %s 的性格,母亲 %s 的性格,\n 我自己要做一个 %s 的青年。" %
        (son.f_character(), son.m_character(),son.character()))
```

输出结果如下：

> 我继承了父亲的 180cm 的身高,母亲漂亮的样子。
> 我继承了父亲有责任、有担当的性格,母亲善良、体贴的性格,我自己要做一个有理想、有道德、有文化、有纪律的青年。

需要注意的是,子类对象访问某个方法时,访问顺序是先在子类中查找,如果没有,则会按照继承的顺序依次在父类里面查找。

例如,创建子类 class Son(Mother,Father)时,如果 Mother 和 Father 类里面都有同一个方法叫 character(),Son 类创建的对象 son 访问 character()方法,解释器先在子类里面查找有没有 character()方法,如果有,那就直接访问子类当中的;如果没有,则先在 Mother 类里面查找,如果也没有才会在 Father 类里面查找。所以当多继承时,尽量不要让父类之间有相同的方法,不然会导致后面的父类方法无法访问。

### 3. 方法重写

方法重写可以分为两种形式：第一,子类重写方法完全覆盖父类方法内容;第二,子类重写方法是先实现父类方法,然后在此基础上再进行扩展,代码如例 8-13 所示。

【例 8-13】 方法重写：覆盖父类方法内容代码示例。

```
Class Animal:
    def eat(self):
        print("吃")
    def drink(self):
        print("喝")
    def run(self):
        print("跑")
    def sleep(self):
        print("睡")

class Dog(Animal):
    def bark(self):
        print("汪汪汪……")

class XiaoTianQuan(Dog):
    def bark(self):
        print("@#$%^&*#$%^&")

erha = Dog()
xtq = XiaoTianQuan()
erha.bark()
xtq.bark()
```

例 8-13 代码输出结果如下：

> 汪汪汪……
> @#$%^&*#$%^&

覆盖式的方法重写需要保证方法名和参数,也就是方法首部和父类的方法首部一模一样。例如,子类 XiaoTianQuan 继承父类 Dog 后,重写父类 bark()方法,方法首部都是 def bark(self)。但是方法体完全不一样。

这样子类在访问 bark()方法时,会优先使用子类的 bark()方法。这种重写方式一般应用在子类和父类有同一种行为方式,但是行为内容完全不一样时。例如,子类 XiaoTianQuan 和父类 Dog 都能叫唤,但是父类叫声是"汪汪汪……",子类叫声是"@＃$%^&.＊＃$%^&."。

另外一种扩展式的方法重写,代码如例 8-14 所示。

【例 8-14】 方法重写:扩展父类方法内容代码示例。

```python
class Animal:
    def eat(self):
        print("吃")
    def drink(self):
        print("喝")
    def run(self):
        print("跑")
    def sleep(self):
        print("睡")


class Dog(Animal):
    def bark(self):
        print("汪汪汪……")


class XiaoTianQuan(Dog):
    def bark(self):
        # 使用 super()调用父类 bark()方法
        super().bark()
        # 扩展父类方法功能
        print("@＃$%^&＊＃$%^&")

erha = Dog()
xtq = XiaoTianQuan()
erha.bark()
xtq.bark()
```

例 8-14 代码输出结果如下:

```
汪汪汪……
汪汪汪……
@＃$%^&＊＃$%^&
```

扩展式的方法重写需要保证方法名和参数,也就是方法首部和父类的方法首部一模一样,但是方法体是在实现父类的功能基础上再扩展子类新的功能。例如,子类 XiaoTianQuan 继承父类 Dog 后,重写父类 bark()方法,方法首部都是 def bark(self)。

实现父类的功能在这里使用 super()函数实现,如例 8-14 中的 super().bark()即是在子类中访问父类的 bark()方法,实现了父类 bark()方法的功能。

而这种重写方式,相当于是扩展了父类的功能,该例子中的 XiaoTianQuan 对象,除了可以实现父类"汪汪汪……",还可以实现"@＃$%^&＊＃$%^&.",功能更加丰富多样。

162 Python语言程序设计基础教程（微课视频版）

### 8.5.3 多态

多态是指基类的同一方法在不同派生类对象中具有不同的表现和行为。多态的实现是建立在继承和方法重写的基础之上的技术，比较难理解，需要多结合实例练习。

派生类继承基类的方法和属性之后，还会增加某些特定的方法和属性，同时可能会对某些继承的方法进行一定的改变，这便是多态的表现形式。不同类的实例对象调用同一种方法所产生的行为各有不同。多态可以对代码进行扩展，让编程更加灵活，效率更高，代码如例 8-15 所示。

【例 8-15】 简单的多态使用代码示例。

```python
class Dog:
    def work(self):
        print("我是一只家犬,正在看家")

class ArmyDog(Dog):
    def work(self):
        print('我是一只军犬,正在追击敌人')

class GuideDog(Dog):
    def work(self):
        print('我是一只导盲犬,正在引路')


army_dog = ArmyDog()
army_dog.work()

guide_dog = GuideDog()
guide_dog.work()
```

输出结果如下：

```
我是一只军犬,正在追击敌人
我是一只导盲犬,正在引路
```

不同的犬类对象，调用同一个方法可以实现不同的行为，但产生的结果却是不一样的。例如，例 8-15 中军犬对象 army_dog 和导盲犬对象 guide_dog 同时访问 work()方法。

当把某个类创建出来的对象当作其他类当中方法的参数时，用同一个类的对象调用同一个方法，当传递的对象不同时，也可以实现操作上的多态，代码如例 8-16 所示。

【例 8-16】 复杂的多态使用代码示例。

```python
class Dog:
    def work(self):
        print("我是一只家犬,正在看家")
class UntrainedDog(Dog):
    print("我是一只幼犬,正在等待受训")

class ArmyDog(Dog):
    def work(self):
        print('我是一只军犬,正在追击敌人')
```

```
class GuideDog(Dog):
    def work(self):
        print('我是一只导盲犬,正在引路')
class Person(object):
    def work_with_dog(self, dog):
        dog.work()
person = Person()
Untrained = UntrainedDog()
Army = ArmyDog()
Guide = GuideDog()
person.work_with_dog(Untrained)
person.work_with_dog(Army)
person.work_with_dog(Guide)
```

输出结果如下:

```
我是一只幼犬,正在等待受训
我是一只家犬,正在看家
我是一只军犬,正在追击敌人
我是一只导盲犬,正在引路
```

这种多态的方式,是将不同的类创建出来的对象,以参数的形式传递到另外一个类中,然后通过同一个对象调用同一个方法,但是传递不同的对象来实现不同的操作。例如,例 8-16 中,等待受训的幼犬、军犬、导盲犬都继承了 Dog 类,而每一类中都有 work()方法。在 Person 类中,work_with_dog()方法可以传递一个参数,而方法体正是用这个参数调用 work()方法,必须是拥有 work()方法的对象才能作为参数进行传递,而不同的对象 Untrained、Army 和 Guide 访问同一个 work()方法,会产生不同的结果,这就是多态的一种表现形式。

## 8.6 实训案例

定义一个基类 Shape,内有用于记录对象个数的计数器 count。在此基础上派生出 Rectangle 类(有私有数据成员 w、h)和 Circle 类(有私有数据成员半径 r),两个派生类都有 get_area()函数计算对象的面积。Rectangle 类再派生出 Square 类,Square 要调用类 Rectangle 的 get_area()函数实现面积计算。每创建 1 个 Rectangle、Circle、Square 对象都能让 Shape 类中 count 的值增加 1。分别实例化 Rectangle、Circle 和 Square 类的对象,并输出 Shape 派生类的实例数量。

**1. 案例的实现思路**

采用继承方式创建类,计数器 count 需被定义为 Shape 类的类属性。

**2. 案例参考代码**

```
class Shape:
    count = 0
class Rectangle(Shape):
    def __init__(self,w,h):
        #super().__init__()    #默认调用基类的构造函数
```

```
        self.__w = w
            self.__h = h
            Shape.count += 1
        def set_wh(self,w,h):
            self.__w = w
            self.__h = h
        def get_area(self):
            print(self.__w * self.__h)
class Circle(Shape):
    def __init__(self,r):
        # super().__init__()
        self.__r = r
        Shape.count += 1
    def get_area(self):
        import math
        print(math.pi * self.__r * self.__r)
class Square(Rectangle):
    def __init__(self,a):
        # super().__init__(a,a)
        super().set_wh(a,a)
        Shape.count += 1
    def get_area(self):
        super().get_area()
r1 = Rectangle(5,6)
r1.get_area()
c1 = Circle(2)
c1.get_area()
sq1 = Square(5)
sq1.get_area()
print(Shape.count)
```

运行结果如图 8-7 所示。

```
E:\WorkSpace\pythonProject\.venv\Scripts\python.exe E:\WorkSpace\pythonProject\main.py
30
12.566370614359172
25
3

Process finished with exit code 0
```

图 8-7　运行结果

## 本章小结

　　本章主要讲解面向对象编程的相关概念，首先讲述的是面向对象的编程思想的实质是对客观事物的抽象，类是实现面向对象编程的基础。对象是类的实例化；类的内部主要包含类的属性和类的方法；在类中可以定义实例变量、类变量，方法包括类方法、实例方法和静态方法，它们有不同的适用场景和使用方法，要注意同名实例变量覆盖类变量的情况。面向对象的三大特性：封装、继承和多态。继承能够提高代码的可重用性和可复用性，Python的继承分为单继承和多继承两种；多态是基于继承和重写两种技术实现的，多态能够提高代码的灵活性和可扩展性。

## 习题

### 一、填空题

1. Python 中声明类用_____关键字。

2. 类的成员包括_____和_____。

3. Python 可以通过在类成员名称之前添加_____的方式表示私有成员。

4. 被继承的类称为_____,继承其他类的类称为_____。

5. _____函数可以在子类中调用父类的方法。

### 二、判断题

1. Python 通过类可以创建对象,最多只能创建一个对象。 ( )

2. 实例方法可以由类和对象调用。 ( )

3. 子类能继承父类全部的属性和方法。 ( )

4. 创建类的对象时,系统会自动调用构造方法进行初始化。 ( )

5. 子类中不能重新实现从父类继承的方法。 ( )

### 三、选择题

1. 下列关于类的说法,错误的是( )。

    A. 类中可以定义私有方法和属性    B. 类方法的第一个参数是 cls

    C. 实例方法的第一个参数是 self    D. 类的实例无法访问类属性

2. 下列方法中,只能由对象调用的是( )。

    A. 类方法        B. 实例方法        C. 静态方法        D. 析构方法

3. 下列方法中,负责初始化属性的是( )。

    A. __del__()      B. __init__()      C. __init()        D. __add__()

4. 下列选项中,不属于面向对象三大重要特性的是( )。

    A. 封装         B. 继承         C. 多态         D. 抽象

5. 请阅读下面的代码:

```python
class Test:
    count = 31
    def print_num(self):
        count = 30
        self.count += 30
        print(count)
test = Test()
test.print_num()
```

运行代码,输出结果为( )。

    A. 20          B. 40          C. 21          D. 41

### 四、简答题

1. 简述实例方法、类方法、静态方法的区别。

2. 简述构造方法和析构方法。

3. 简述面向对象的三大特性。

**五、编程题**

1. 设计一个 Circle(圆)类,该类中包括属性 radius(半径),还包括__init__()、get_perimeter()(求周长)和 get_area()(求面积)共三个方法。设计完成后,创建 Circle 类的对象求圆的周长和面积。

2. 设计一个 Course(课程)类,该类中包括 number(编号)、name(名称)、teacher(任课教师)、location(上课地点)共 4 个属性,其中 location 是私有属性;还包括__init__()、show_info()(显示课程信息)共两个方法。设计完成后,创建 Course 类的对象显示课程的信息。

案例导读

第 **9** 章

# 文件处理

**学习目标**

➢ 理解文本文件和二进制文件的意义。

➢ 掌握文件的基本操作,熟练管理文件与目录。

➢ 了解常见的数据格式。

➢ 掌握 CSV 文件和 JSON 文件的操作方法。

➢ 掌握 Python 数据与 JSON 数据之间的转换。

➢ 掌握 pickle 模块的使用。

## 9.1 文件基础

文件在计算机中应用非常广泛,计算机中的文件都是以各种存储媒介,如硬盘等作为载体,存储在计算机中的数据集合。文本文档、图片、音频和视频等都是文件。为了后续更好地运用程序对文件进行相关操作,本节先对文件的基础概念和文件类型等内容进行介绍。

### 9.1.1 文件概述

计算机文件(或称文件、电脑档案、档案),是存储在某种长期存储设备上的信息集合。所谓"长期存储设备"一般指磁盘、光盘、磁带等。其特点是所存信息可以长期、多次使用,不会因为断电而消失。

一个文件需要有唯一确定的文件标识，以便用户根据标识查找到唯一确定的文件，方便用户对文件进行识别和引用。文件标识分为三部分，分别是文件路径、文件名和文件扩展名。例如，C:\Users\PythonProject\test.py。

| C:\Users\PythonProject\ | test | .py |
|---|---|---|
| 文件路径 | 文件名 | 扩展名 |

计算机操作系统以文件为单位对数据进行管理，若想查找到存放在外部介质上的数据，必须先按照文件标识查找到指定文件，再按照文件权限对文件进行读写操作。

### 9.1.2　文件类型

按照编码方式的不同，计算机中的文件分为文本文件和二进制文件，其中文本文件以文本形式编码（如 ASCII 码、UNICODE 码、UTF-8 等）存储在计算机中，以"行"为基本结构组织和存储数据；二进制文件以二进制形式编码存储在计算机中，用户不能直接理解此种文件中存储的信息，只能通过相应的软件打开文件，以直观地展示信息。二进制文件一般是可执行程序、图像、声音或者视频等。

用记事本创建的扩展名为 txt 的文件是常见的文本文件。文本文件中存储的内容由若干行组成，每行以换行符(\n)结尾，主要包括英文字母、汉字和数字字符串。这些内容都能通过记事本之类的文件编辑器正常显示、正常编辑，且用户能够直接进行阅读与理解。在Windows 平台中，扩展名为 log、ini 的文件也属于文本文件，都可以用常见的文本处理软件（如 gedit、记事本）进行编辑。

二进制文件把信息以字节串形式进行存储，不能使用记事本或其他文本编辑软件直接进行读写，也不能使用 Python 的文件对象直接读取二进制文件的内容。例如，使用Windows 记事本打开一个二进制文件，由于它无法使用记事本查看，因此出现乱码情况。要正确理解二进制文件的结构和序列化规则，然后设计正确的反序列化规则，才能准确地理解二进制文件内容。

所谓序列化，简单地说就是把内存中的数据在不丢失其他类型信息的情况下转换成对象二进制形式的过程，对象序列化后的数据经过正确的反序列化过程可以准确无误地恢复为原来的对象。二进制文件中音频文件、视频文件、图形图像文件等就需要用对应的音、视频软件及图形图像软件打开。

## 9.2　文件操作

对于用户而言，文件和目录以不同的形式展现，但对计算机而言，目录是文件的数据集合，它实质上也是一种文件。基本文件操作步骤为：①文件的打开，创建文件对象；②文件的读写以及文件的创建、删除与重命名等；③关闭并保存文件内容。通过 Python 的内置方法和 os 模块中定义的方法可以操作文件。下面对基本文件操作进行讲解。

### 9.2.1　打开和关闭文件

#### 1. 文件的打开

Python 中用 open()函数打开一个文件，并返回文件对象，在对文件进行处理时都需要使用到这个函数,如果该文件无法被打开,会抛出 OSError 异常。

open()函数常用语法格式如下:

```
open(file, mode = 'r', buffering = - 1, encoding = None)
```

open()函数主要参数的含义如下。

(1) file:必须传递的参数,以字符串类型存储的文件路径(相对或者绝对路径)。

(2) mode:可选,指定文件打开模式,默认为只读方法。

(3) buffering:设置读写文件缓冲方式,若 buffering=0,则表示采用不缓冲的方式;若 buffering=1,则表示每次缓冲一行;若 buffering>1,则表示使用给定值作为缓冲区大小;若是默认值−1 或者负数,则表示使用默认缓冲机制(由设备决定)。

(4) encoding:指定对文本进行编码和解码的方式,一般使用 UTF-8 编码。

其中,mode 指定的文件打开模式有多种选择,如表 9-1 所示。

表 9-1 文件打开模式

| 模式 | 描 述 |
|---|---|
| t | 文本模式(默认) |
| x | 写模式,新建一个文件,如果该文件已存在则会报错 |
| b | 二进制模式 |
| + | 打开一个文件进行更新(可读可写) |
| r | 以只读方式打开文件。文件的指针将会放在文件的开头。这是默认模式 |
| rb | 以二进制格式打开一个文件用于只读。文件指针将会放在文件的开头。这是默认模式。一般用于非文本文件,如图片等 |
| r+ | 打开一个文件用于读写。文件指针将会放在文件的开头 |
| rb+ | 以二进制格式打开一个文件用于读写。文件指针将会放在文件的开头。一般用于非文本文件,如图片等 |
| w | 打开一个文件只用于写入。如果该文件已存在则打开文件,并从开头开始编辑,即原有内容会被删除。如果该文件不存在,创建新文件 |
| wb | 以二进制格式打开一个文件只用于写入。如果该文件已存在则打开文件,并从开头开始编辑,即原有内容会被删除。如果该文件不存在,创建新文件。一般用于非文本文件,如图片等 |
| w+ | 打开一个文件用于读写。如果该文件已存在则打开文件,并从开头开始编辑,即原有内容会被删除。如果该文件不存在,创建新文件 |
| wb+ | 以二进制格式打开一个文件用于读写。如果该文件已存在则打开文件,并从开头开始编辑,即原有内容会被删除。如果该文件不存在,创建新文件。一般用于非文本文件,如图片等 |
| a | 打开一个文件用于追加。如果该文件已存在,文件指针将会放在文件的结尾。也就是说,新的内容将会被写入已有内容之后。如果该文件不存在,创建新文件进行写入 |
| ab | 以二进制格式打开一个文件用于追加。如果该文件已存在,文件指针将会放在文件的结尾。也就是说,新的内容将会被写入已有内容之后。如果该文件不存在,创建新文件进行写入 |
| a+ | 打开一个文件用于读写。如果该文件已存在,文件指针将会放在文件的结尾。文件打开时会是追加模式。如果该文件不存在,创建新文件用于读写 |
| ab+ | 以二进制格式打开一个文件用于追加。如果该文件已存在,文件指针将会放在文件的结尾。如果该文件不存在,创建新文件用于读写 |

代码示例如下:

```
File1 = open("test1.txt")              # 只读方式打开
File2 = open("test2.txt","w")          # 只写方式打开
File3 = open("test3.txt","w+")         # 读写方式打开
```

### 2. 文件的关闭

凡是打开的文件,切记要使用 close()方法关闭,这样才能保证所做的任何修改都被保存到文件中。即使文件会在程序退出后自动关闭,但是考虑到数据的安全性,在每次使用完文件后,都要使用 close()方法关闭文件,否则一旦程序崩溃,很可能导致文件中的数据丢失。close()方法的使用非常简单,代码如例 9-1 所示。

【例 9-1】　文件打开、关闭代码示例。

```
# 打开一个名为"test. txt"的文件
f = open("test. txt",'w')
…
#关闭这个文件
f.close()
```

### 3. with 语句

在文件操作过程中,打开文件并操作完之后,是需要将文件关闭的,这样既能避免文件 IO 的冲突,也能节约内存的使用。但每次打开、关闭会比较麻烦,所以 Python 提供了 with 语句来解决这个问题。在 with 语句下对文件操作,可以不用执行 close()方法关闭,with 语句会自动关闭。

with 语句的主要作用如下:

(1) 解决异常退出时的资源释放问题。

(2) 解决用户忘记调用 close()方法而产生的资源泄露问题。

使用语法格式如下:

```
with open("test.txt") as file:          # file 相当于打开的文件对象名
    代码段
```

## 9.2.2　文件的读、写操作

### 1. 文件的读操作

在 Python 中对文本文件数据的读取有三种方法:read()、readline()和 readlines()方法,具体读取规则,如表 9-2 所示。

表 9-2　文本文件读取方法

| 方　　法 | 描　　述 |
|---|---|
| file. read([size]) | 从文件读取指定的字节数,如果未给定或为负则读取所有 |
| file. readline([size]) | 读取整行,包括"\n"字符 |
| file. readlines([sizeint]) | 读取所有行并返回列表,若给定 sizeint>0,返回总和大约为 sizeint 字节的行,实际读取值可能比 sizeint 较大,因为需要填充缓冲区 |

三种读取文本文件方法的操作代码,如例 9-2～例 9-4 所示。

【例 9-2】　read()方法读取文件代码示例。

```
# 使用 read()方法
f = open("import_this. txt",encoding = "utf - 8")
# 从当前位置读取 18 个字符,英文和汉字一样对待
print(f.read(18))
# 从当前位置读取后面的所有内容
print(f.read())
#关闭当前打开的文件
f.close()
```

输出结果如下:

```
The Zen of Python,
by Tim Peters
Beautiful is better than ugly.
Explicit is better than implicit.
Simple is better than complex.
```

read()方法可以指定读取的字节长度,并且会以字符串的类型返回。如果没有指定长度,会把所有文件内容存储成字符串一次性返回。

【例 9-3】　readline()方法读取文件代码示例。

```
# 要读取的文件很小,可以使用 readline()方法来逐行读取整个文件
f = open('import_this.txt', encoding = "UTF - 8")
while True:
    line = f.readline()
    if not line:
      break
    print(line)
f.close()
```

输出结果如下:

```
The Zen of Python, by Tim Peters
Beautiful is better than ugly.
Explicit is better than implicit.
Simple is better than complex.
```

readline()方法是以字符串类型的数据,一次返回一行文件的内容,如果需要读取所有文件内容可以用循环结构来实现。

【例 9-4】　readlines()方法读取文件代码示例。

```
# 读取文件较小,也可使用 readlines()方法,读取整个文件
f = open("import_this. txt" ,encoding = "utf - 8")
content = f.readlines()
i = 1
for line in content:
    print(" % d: % s" % (i,line))
    i += 1
        f.close()
```

输出结果如下:

```
1:The Zen of Python,by Tim Peters
2:Beautiful is better than ugly.
3:Explicit is better than implicit.
4:Simple is better than complex.
```

readlines()方法也是一次性返回所有的文件内容,但是,是将文件的每一行存储成一个字符串,然后将所有的字符串作为列表元素依次存进列表中。

以上介绍的三种方法通常用于遍历文件,其中 read()(参数默认时)和 readlines()方法都可一次读出文件中的全部数据,但这两种操作都不够安全。因为计算机的内存是有限的,若文件较大,read()和 readlines()的一次读取便会耗尽系统内存,这显然是不可取的。为了保证读取安全,通常采用 read(size)方式,多次调用 read()方法,每次读取 size 字节的数据,或者使用 readline()方法一行一行返回。

**2. 文件的写操作**

Python 可以通过 write()方法向文件中写入数据,使用方法如下:

```
file.write(str)
```

write()方法中的参数 str 表示要写入文件的字符串,在一次打开和关闭操作之间,每调用一次 write()方法,程序向文件中追加一行数据,并返回本次写入文件中的字节数。

新建一个文本文件 test.txt,以写的方式打开并向其中写入数据,具体代码如例 9-5 所示。

**【例 9-5】** write()方法写入数据代码示例。

```
f = open("import_this. txt"," w",encoding = "utf - 8")
f.write("The Zen of Python, by Tim Peters\n")
f.write("Beautiful is better than ugly.\n")
f.write("Explicit is better than implicit.\n")
f.write("Simple is better than complex. ")
f.close()
```

程序运行后,会在文件所在路径下生成一个名为 import_this.txt 的文本文件。打开文件,可以看到被写入的文件内容。

### 9.2.3　文件读、写位置

在实际开发中,可能需要从文件的某个特定位置开始读、写文件内容,这时需要对文件的读、写位置进行定位,包括获取文件当前的读、写位置,以及定位到文件的指定读、写位置。

Python 中提供了两种定位方法,如表 9-3 所示。

表 9-3　文件定位方法

| 方　　法 | 功　能　说　明 |
| --- | --- |
| tell() | 获取文件当前的读、写位置 |
| seek(offset[,whence]) | 定位到文件的指定读、写位置。<br>seek()方法的参数介绍如下:<br>(1) offset 表示偏移量,也就是需要移动的字节数。<br>seek(offset[,whence]) |

续表

| 方　　法 | 功　能　说　明 |
|---|---|
| seek(offset[,whence]) | （2）whence 表示方向，该参数的值有三个。<br>① SEEK SET 或者 0：whence 参数的默认值，表示从文件的起始位置开始偏 s。<br>② SEEK CUR 或者 1：表示从文件当前的位置开始偏移。<br>③ SEEK END 或者 2：从文件末尾开始偏移 |

代码如例 9-6 所示。

【例 9-6】　seek()方法移动文件指针代码示例。

```
# 创建一个文本文件 hello.txt
f = open("hello.txt",'w+')
# 写入指定字符串
f.write("hello,Python!")
# 获取当前的读、写位置
print(f.tell())
# 返回到文本文件内容的起始位置
f.seek(0,0)
# 对文件的所有内容进行读取
print(f.read())
f.close()
```

输出结果如下：

```
13
hello,Python!
```

写入"hello,Python!"之后，文件指针是停留在文件末尾的，调用 tell()方法会返回文件指针当前位置，输出 13，意思代表处于第 13 字节长度后面，也就是"hello,Python!"的字符串长度。后续调用 seek(0,0)方法，是为了将文件指针移动到文件首位，第一个参数 0，表示偏移量为 0，也就是指针移动到指定位置后，不需要移动字节数了；第二个参数 0，表示将指针移动到文件首部位置。如果没有这个步骤，read()方法将读取不到内容。

## 9.3　管理文件和目录

除 Python 内置方法外，os 模块中也定义了与文件操作相关的方法，包括删除文件、文件重命名、创建或者删除目录、获取当前目录、更改默认目录和获取目录列表等。os 模块是内置模块，所以在使用之前直接导入 import os。下面对 os 模块中的常用方法进行介绍。

**1. 删除文件**

使用 os 模块中的 remove()方法可删除文件，该方法要求目标文件存在，其语法格式如下：

```
os.remove(path)          # path:文件路径以字符串形式给出
```

在 Python 解释器中调用该方法处理文件，指定文件将会被删除。例如，删除文件 hello.txt 可使用如下语句：

```
os.remove('hello.txt')
```

### 2. 文件重命名

使用 os 模块中的 rename( )方法可以更改文件名，该方法要求目标文件存在，其语法格式如下：

```
os.rename(原文件名,新文件名)
```

以将文件 hello.txt 重命名为 test.txt 为例演示 rename( )方法的用法，具体如下：

```
os.rename('hello.txt', 'test.txt')
```

经以上操作后，当前路径下的文件 hello.txt 被重命名为 test.txt。

### 3. 创建、删除目录

os 模块中的 mkdir( )方法用于创建目录，rmdir( )方法用于删除目录，这两个方法的参数都是目录名，其使用方法如下：

```
os.mkdir('dir')                # 参数是创建的文件目录路径字符串
```

经以上操作后，Python 解释器会在默认路径下创建目录 dir。需要注意的是，待创建的目录不能与已有目录重名，否则将创建失败。

```
os.rmdir('dir')                # 参数是需要删除的文件目录路径字符串
```

经以上操作后，当前路径下的目录 dir 将被删除。

### 4. 获取当前目录

当前目录即 Python 当前的工作路径。os 模块中的 getcwd( )方法用于获取当前目录，调用该方法后将会返回当前位置的绝对路径，具体示例如下：

```
os.getcwd()
```

### 5. 更改默认目录

os 模块中的 chdir( )方法用来更改默认目录。若在对文件或文件夹进行操作时，传入的是文件名而非路径名，Python 解释器会从默认目录中查找指定文件，或将新建的文件放在默认目录下。若没有特别设置，当前目录即为默认目录。例如，"C:\user\Administrator\PycharmProjects\Python"。使用 chdir( )方法更改默认目录为"D:\"，再次使用 getcwd( )方法获取当前目录，代码如例 9-7 所示。

【例 9-7】 chdir( )方法改变当前路径代码示例。

```
os.chdir('D:\python')
print(os .getcwd())
```

输出结果如下：

```
D:\python
```

## 6. 获取目录列表

实际应用中常常需要先获取指定目录下的所有文件,再对目标文件进行相应操作。模块中提供了 listdir()方法,使用该方法可方便、快捷地获取存储了指定目录下所有文件名的列表。以获取当前目录下的目录列表为例,演示 listdir()方法的用法,具体代码如例 9-8 所示。

【例 9-8】 listdir()方法查看指定文件夹内部文件代码示例。

```
dirs = os.listdir()          ♯ 默认获取当前文件夹下的文件或文件夹的名字列表
print(dirs)
```

输出结果如下:

```
['.idea', 'argument', 'bingdundun.py', 'calculate.py', 'data.json', 'data.txt', 'goodbye1.jpeg',
'goodbye2.jpeg', 'hello.txt', 'main.py', 'math_utils', 'stu.py', 'students.txt', 'study_night.py',
'study_test.py']
```

# 9.4 CSV 和 JSON 文件

在 Python 的环境中集成了 CSV 模块和 JSON 模块,可以用来进行表数据的处理或者进行网页结构数据的处理。

## 9.4.1 CSV 文件操作

CSV(Comma-Separated Values),有时也称为字符分隔值,因为分隔字符也可以不是逗号。CSV 是一种非常流行的表格存储文件格式,这种格式适合存储中型或小型数据。

CSV 文件的读、写方法语法格式如下:

```
reader(csvfile, dialect = 'excel')
writer(csvfile, dialect = 'excel')
```

参数说明如下。

csvfile:CSV 文件的路径,用字符串表示。

dialect:编码风格默认为 excel 的风格,也就是用逗号分隔。

reader()方法接收一个可迭代对象作为参数(打开了的 CSV 文件),返回一个 CSV 文件写对象,也是一个生成器,可以使用 for 循环一次读取每一行,每一行会以一个列表形式返回,代码如例 9-9 所示。

【例 9-9】 reader()方法读 CSV 文件代码示例。

```
import csv
with open('letter.csv', 'r') as File:
    lines = csv.reader(File)
    for line in lines:
        print(line)
```

letter.csv 是已经存在的一个 CSV 文件,open()将文件打开之后,返回了一个文件对象 File,csv.reader(File)只传入了第一个参数,第二个参数使用默认值,即以逗号来分隔数据。

会返回一个 reader 对象并赋值给 lines，可以用循环获取文件中的每一行数据。上面程序的结果是将 CSV 文件中的文本按行打印，每一行的元素都是以逗号分隔符分隔得来的。

输出结果如下：

```
['letter', 'value']
['a', '97']
['b', '98']
['c', '99']
['d', '100']
```

也可以使用 writer() 方法返回 CSV 文件的写对象，然后再使用 writerow() 方法或 writerows() 方法写入数据。writer() 方法将打开的 CSV 文件作为参数；writerow() 方法按行写入内容接收一个列表作为参数，写入时会将元素按逗号分隔；writerows() 方法也是接收列表作为参数，但是可以一次性写入多行数据。代码如例 9-10 所示。

【例 9-10】 将数据写入 CSV 文件中代码示例。

```
import csv
with open('letter.csv', 'a') as File:
    myWriter = csv.writer(File)
    myWriter.writerow(['e', 101])
    myWriter.writerow(['f', 102])
    myList = [['g', 103], ['h', 104]]
    myWriter.writerows(myList)
```

a 表示写模式。首先 open() 函数打开当前路径下的名字为 letter.csv 的文件，并且在文件末尾继续追加内容，如果不存在这个文件，则创建它。函数先返回 CSV 的文件对象并命名为 File。然后 csv.writer(File) 返回 CSV 文件的写对象，即 writer 对象 myWriter。writerow() 方法可以将列表元素一行一行写入 CSV 文件中，writerows() 方法可以一次写入多行内容。

### 9.4.2 JSON 文件操作

JSON(JavaScript Object Notation)是一种轻量级数据交换格式，用来存储和交换文本信息，比 xml 更小、更快，而且更易解析，易于读写，占用带宽小，网络传输速度快，适用于数据量大、不要求保留原有类型的情况。

Python 中可以使用 JSON 模块来对 JSON 格式数据进行编解码，它包含了两对方法，如表 9-4 所示。

表 9-4　JSON 模块方法

| 方　　法 | 描　　述 |
| --- | --- |
| json.dump() | 将 Python 对象编码存入 JSON 文件中 |
| json.dumps() | 将 Python 对象编码成 JSON 字符串 |
| json.load() | 将 JSON 文件解析成 Python 对象 |
| json.loads() | 将已编码的 JSON 字符串解码为 Python 对象 |

在 JSON 的编、解码过程中，Python 的原始类型与 JSON 类型会相互转换，具体的转换对照如下。

Python 编码为 JSON 类型转换对应如表 9-5 所示。

表 9-5　Python 转换为 JSON 类型

| Python | JSON |
| --- | --- |
| Python 字典 dict | JSON 对象 object |
| Python 列表 list、元组 tuple | JSON 数组 array |
| Python 字符串 str | JSON 字符串 string |
| Python 整数 int、浮点数 float | JSON 数字类型 number |
| Python 布尔值真 True | JSON 布尔值真 True |
| Python 布尔值假 False | JSON 布尔值假 False |
| Python 空类型 None | JSON 空类型 Null |

JSON 解码为 Python 类型转换对应如表 9-6 所示。

表 9-6　JSON 转换为 Python 类型

| JSON | Python | JSON | Python |
| --- | --- | --- | --- |
| object | dict | number(real) | float |
| array | list | True | True |
| string | str | False | False |
| number(int) | int | Null | None |

使用 json.dumps()方法与 json.loads()方法实现 Python 对象和 JSON 格式对象的相互转换实例代码如例 9-11 所示。

【例 9-11】　Python 对象与 JSON 字符串相互转换。

```python
import json
# Python 字典类型转换为 JSON 对象
data = {
    'name': "Jason",
    'age': 18,
    'course': 'Python'
}
json_str = json.dumps(data)
print("Python 原始数据:", data)
print("JSON 对象:", json_str)

# 将 JSON 对象转换为 Python 字典
data1 = json.loads(json_str)
print("data1['name']: ", data1['name'])
print("data1['age']: ", data1['age'])
```

输出结果如下：

```
Python 原始数据: {'name': 'Jason', 'age': 18, 'course': 'Python'}
JSON 对象: {"name": "Jason", "age": 18, "course": "Python"}
data1['name']: Jason
data1['age']: 18
```

注意：因为 JSON 在 dump 的时候，只能存放 ASCII 的字符，因此会将中文进行转义，这时候如果字符串有中文，可以使用 ensure_ascii＝False 关闭这个特性。这样转换成 JSON 字符串格式则会正常显示中文。

视频讲解

## 9.5 使用 pickle 序列化

pickle 是 Python 中用于序列化和反序列化对象的标准模块。序列化是指将对象转换为字节流的过程，反序列化是指将字节流转换回对象的过程。pickle 提供了一种在 Python 对象和字节流之间相互转换的方式，可以用于将对象保存到文件或通过网络传输，并在需要时恢复原始对象。以下是 pickle 模块中常用的函数和方法。

（1）pickle.dump(obj,file)：将对象序列化并保存到文件中，代码如例 9-12 所示。

【例 9-12】 dump()方法将对象序列化并保存到文件中。

```
import pickle
data = {'a': [1, 2, 3.0, 4 + 5j],
        'b': ('string', u'Unicode string'),
        'c': None}
with open('data.pickle', 'wb') as f:
    pickle.dump(data, f)
```

（2）pickle.dumps(obj)：将对象序列化并返回字节流，代码如例 9-13 所示。

【例 9-13】 dump()方法将对象序列化并返回字节流。

```
import pickle
data = {'a': [1, 2, 3.0, 4 + 5j],
        'b': ('string', u'Unicode string'),
        'c': None}
strr = pickle.dumps(data)
print(strr)
```

（3）pickle.load(file)：从文件中读取字节流并反序列化为对象，代码如例 9-14 所示。

【例 9-14】 load()方法从文件中读取字节流并反序列化为对象。

```
import pickle
with open('data.pickle', 'rb') as f:
    data = pickle.load(f)
    print(data)
```

（4）pickle.loads(bytes_obj)：将字节流反序列化为对象，代码如例 9-15 所示。

【例 9-15】 load()方法将字节流反序列化为对象。

```
import pickle
data = {'a': [1, 2, 3.0, 4 + 5j],
        'b': ('string', u'Unicode string'),
        'c': None}
print(data)
strr = pickle.dumps(data)
print(strr)
data = pickle.loads(strr)
print(data)
```

使用 pickle 可以序列化大多数 Python 对象，包括基本数据类型（如整数、浮点数、字符串）、列表、字典、函数、类实例等。但是,pickle 序列化的字节流只能在同一个 Python 版本之间兼容,不同版本之间的兼容性较差。

## 9.6 实训案例

现有文件 score.csv,存放了 20 名学生 8 门课程的成绩,内容如图 9-1 所示。请编写程序读取该文件内容,统计每门课程的平均分、最高分和最低分,并将其输出到文件 stat.csv 文件中。

```
📄 score.csv - 记事本
文件(F) 编辑(E) 格式(O) 查看(V) 帮助(H)
学号,语文,数学,英语,物理,历史,生物,政治,地理
2023047101,80,79,87,89,87,82,92,88
2023047102,85,75,89.5,94,78,82,90,100
2023047103,77,87,90,93,84,80,90,92
2023047104,86,92,91,95,76,86,82,86
2023047105,81,84,92,91,86,88,87,94
2023047106,77,92,92.5,92,71,94,91,92
2023047107,78,96,93.5,90,80,78,92,86
2023047108,83,81,94,96,84,92,81,96
2023047109,83,87,94,94,76,84,91,92
2023047110,88,100,95,98,85,100,83,98
2023047111,80,82,95,97,85,92,88,100
2023047112,82,71,95,91,79,88,88,92
2023047113,75,91,95.5,93,83,88,87,80
2023047114,78,98,96,97,91,92,86,96
2023047115,89,85,96.5,98,87,92,88,90
2023047116,82,71,96.5,92,77,90,87,96
2023047117,89,80,97.5,97,88,98,90,94
2023047118,87,84,98,98,78,94,96,90
2023047119,85,95,98,96,73,92,82,96
2023047120,85,100,98.5,99,84,96,91,98
```

图 9-1　20 名学生 8 门课的成绩

### 1. 案例的实现思路

注意 csv 文件的读写方式。

### 2. 案例参考代码

```
sumscore = [0] * 8            # 总分初值均为 0
maxscore = [0] * 8            # 最大值初始均先设置为 0
minscore = [100] * 8          # 最小值初始均先设置为 100
with open(r'D:\Expe11\score.csv','r',encoding = 'utf8') as fr,open(r'D:\Expe11\stat.csv','w') as fw:
    coursename = fr.readline().rstrip('\n').split(',')[1:]
    for i in fr:
        s = list(map(float,i.split(',')[1:]))    # 每行记录的 8 门成绩
        sumscore = list(map(lambda x,y:x + y,sumscore,s))
                                # 将 sumscore 中每个值与 s 中对应的值相加
        maxscore = [s[i] if s[i]> maxscore[i] else maxscore[i] for i in range(len(s))]
                            # 对 s 中每个值,若其值大于对应 maxscore 中值,则将其值存入
        minscore = [s[i] if s[i]< minscore[i] else minscore[i] for i in range(len(s))]
                            # 对 s 中每个值,若其值小于对应 minscore 中值,则将其值存入
    fw.write('课程名,总分,平均分,最高分,最低分\n')    # 写入标题
    for i in range(len(s)):                              # 逐行写入
fw.write(f'{coursename[i]},{sumscore[i]},{sumscore[i]/20:.2f},{maxscore[i]},{minscore[i]}\n')
```

运行结果如图 9-2 所示。

stat.csv - 记事本

文件(F)　编辑(E)　格式(O)　查看(V)　帮助(H)

课程名,总分,平均分,最高分,最低分
语文,1650.0,82.50,89.0,75.0
数学,1730.0,86.50,100.0,71.0
英语,1885.0,94.25,98.5,87.0
物理,1890.0,94.50,99.0,89.0
历史,1632.0,81.60,91.0,71.0
生物,1788.0,89.40,100.0,78.0
政治,1762.0,88.10,96.0,81.0
地理,1856.0,92.80,100.0,80.0

图 9-2　运行结果

## 本章小结

本章针对的是 Python 中文件的操作,主要介绍了 Python 中文件的打开 open()和关闭 close()操作,并且介绍了文件的打开权限主要包含读(r)、写(w)和追加(a),还有文件指针的移动方法 seek(),然后是文件的读、写方法 read()、readline()、readlines()和 write(),以及文件目录的相关操作和使用 pickle 序列化。最后针对 Python 项目开发经常用到的 CSV 文件和 JSON 文件的常规操作进行了讲解。

## 习题

### 一、填空题

1. 对文件进行读写完毕后,应调用_____方法关闭文件以释放资源。
2. seek()方法的_____参数表示要偏移的字节数。
3. readlines()方法读取整个文件内容后的返回值是_____。
4. os 模块中的 mkdir()函数用于_____。
5. 在读写文件的过程中,要想获取当前的读写位置可以用_____方法。

### 二、判断题

1. 文件打开的默认方式是只读。　　　　　　　　　　　　　　　　　　　(　　)
2. 以读写方式打开一个文件,若文件已存在,文件内容会被清空。　　　　(　　)
3. 使用 write()方法写入文件时,数据会追加到文件的末尾。　　　　　　(　　)
4. 实际开发中,目录操作需要使用 os 模块中的函数。　　　　　　　　　(　　)
5. read()方法只能一次性读取文件中的所有数据。　　　　　　　　　　　(　　)

### 三、选择题

1. 打开一个已存在的文件,并在文件末尾添加信息,正确的打开方式为(　　)。
　　A. r　　　　　　　　B. w　　　　　　　　C. a　　　　　　　　D. w+
2. 假设文件不存在,如果使用 open()方法打开文件会报错,那么该文件的打开方式是下列中的(　　)。

  A. r      B. w      C. a      D. w+

3. 假设 fp 是文本文件对象,下列选项中可读取 fp 的一行内容是(　　)。

  A. fp. read()  B. fp. read(200)  C. fp. readline()  D. fp. readlines()

4. 下列选项中,用于向文件中写入数据的是(　　)。

  A. open()   B. write()   C. close()   D. read()

5. 下列选项中,用于获取当前目录的是(　　)。

  A. open()   B. write()   C. getcwd()   D. read()

6. 下列代码要打开的文件应该在(　　)。

```
f = open('abc.txt', 'w')
```

  A. C 盘根目录      B. D 盘根目录

  C. Python 安装目录    D. 程序所在目录

7. 若文本文件 abc. txt 中的内容如下:

```
abcdef
```

阅读下面的程序:

```
file = open('abc.txt', 'r')
data = file.readline()
data_list = list(data)
print(data_list)
```

以上程序的执行结果为(　　)。

  A. ['abcdef']      B. ['abcdef\n']

  C. ['a', 'b', 'c', 'd', 'e', 'f']    D. ['a', 'b', 'c', 'd', 'e', 'f', '\n']

## 四、简答题

1. 请简述文本文件和二进制文件的区别。

2. 请简述读取文件 3 种方法 read()、readline()、readlines()的区别。

## 五、编程题

1. 读取一个文件,打印除了以 # 开头的行之外的所有行。

2. 编写程序,实现文件备份功能。

3. 编写程序,文件中存储有一串数字,读取其中的数字,进行排序后输出。

# 第 **10** 章

案例导读

# 模　块

## 学习目标

➢ 了解模块的概念及分类。
➢ 掌握模块的导入及使用。
➢ 掌握常用内置模块的使用。
➢ 掌握自定义模块的创建和引用。
➢ 掌握第三方模块的下载和安装。
➢ 了解常用的第三方模块。

在计算机程序的开发过程中,随着需求增多,程序代码量会越来越大,如果将所有程序全部放在同一个文件中,那么程序会变得越来越不容易维护,而且结构会变得复杂。为了提高代码的可维护性,增强代码间的结构性,Python 中引入了模块(Module)的概念,本章主要讲解 Python 中模块的内容。

## 10.1 模块的概念

在 Python 中,模块是一个包含所有定义的函数、变量或类等内容的程序文件,其扩展名是 py。模块可以被别的程序引入,以使用该模块中的函数或方法等功能。模块包括 Python 内置模块、第三方模块和自定义模块。

模块不仅提高了代码的可维护性,也提高了代码的重用性。另外,使用模块还可以避免函数和变量名冲突。相同名字的函数和变量完全可以分别存在不同的模块中,因此,在编写模块时,不必考虑名字会与其他模块冲突。但是也要注意,尽量不要与内置函数名冲突。

## 10.2 模块的导入和使用

当需要使用模块中的函数或变量时,要先导入模块,然后再进行函数或方法的调用。调用的方式是一样的,所以接下来以使用模块中的函数来介绍不同的导入方式和基本格式。

(1) 使用关键字 import 导入模块,基本格式如下:

```
import module1,module2,…
```

使用 import 导入模块后,解释器会在当前目录下搜索模块,若有则直接导入,若无则是到系统指定的默认路径下查找。可以同时导入多个模块,模块名之间用逗号隔开。

调用模块中的函数,基本格式如下:

```
模块名.函数名
```

调用模块中的函数时,要加上模块前缀,因为不同的模块中可能含有相同函数,所以需要让解释器清楚该函数属于哪个模块,避免产生错误,代码如例 10-1 所示。

【例 10-1】 直接导入模块代码示例。

```
import random
num = random.randint(0,1000)
print(num)
```

(2) 使用 from 和 import 关键字直接导入模块中的函数,基本格式如下:

```
from 模块名 import 函数名1,函数名2,…
```

此时可以直接使用模块中的函数,不需要加上模块前缀,但是要避免函数名同名的情况。可以同时导入多个函数,函数名之间用逗号隔开,代码如例 10-2 所示。

【例 10-2】 导入模块中函数代码示例。

```
from random import randint
num = randint(0,1000)
print(num)
```

(3) 一次性导入模块中所有函数,可以用 * 来实现,基本格式如下:

```
from 模块名 import *
```

代码如例 10-3 所示。

【例 10-3】 导入模块中所有函数代码示例。

```
from random import *
num = randint(0,1000)
print(num)
```

值得注意的是，虽然使用"*"可以一次性导入模块中的所有内容，但是非必要时，不建议使用。

## 10.3 常用的内置模块

Python 的内置模块也称为 Python 标准库，当系统安装、配置好 Python 的环境后，便可以在开发时直接导入程序文件时进行使用。Python 常用内置模块如表 10-1 所示。

表 10-1 Python 常用内置模块

| 模 块 名 | 描 述 |
|---|---|
| math | 提供数学运算的函数和变量 |
| random | 提供用于生成各种随机数序列的方法 |
| datetime | 提供多种日期和时间的处理方法 |
| os | 提供跟系统操作相关的一系列方法 |

数学模块 math 中包含一些定义好的比较常用的数学常量，如表 10-2 所示。

表 10-2 数学模块常用数学常量

| 常 量 | 描 述 |
|---|---|
| math. e | 返回欧拉数(2.7182…) |
| math. inf | 返回正无穷大浮点数 |
| math. nan | 返回一个浮点值 NaN(not a number) |
| math. pi | π 一般指圆周率。圆周率 PI(3.1415…) |

数学模块 math 中包含一些定义好的比较常用的数学方法，如表 10-3 所示。

表 10-3 数学模块常用数学方法

| 方 法 | 描 述 |
|---|---|
| math. sin(x) | 返回 x 弧度的正弦值 |
| math. cos(x) | 返回 x 弧度的余弦值 |
| math. tan(x) | 返回 x 弧度的正切值 |
| math. sqrt(x) | 返回 x 的平方根 |
| math. pow(x,y) | 将返回 x 的 y 次幂 |
| math. fabs(x) | 返回 x 的绝对值 |
| math. degrees(x) | 将角度 x 从弧度转换为度数 |
| math. ceil(x) | 将 x 向上舍入最接近的整数 |
| math. floor(x) | 将 x 向下舍入最接近的整数 |
| math. trunc(x) | 返回 x 截断整数的部分，即返回整数部分，删除小数部分 |

随机数模块 random 中，除了已经了解的 randint()方法是用来生成指定范围内的随机整数，其中还包含一些其他的与随机数相关的方法，常用方法如表 10-4 所示。

表 10-4　随机数模块常用方法

| 方　　法 | 描　　述 |
|---|---|
| random. randrange() | 从 range(start,stop,step) 返回一个随机选择的元素 |
| random. randint(a,b) | 返回随机整数 N 满足 a <= N <= b |
| random. choice(seq) | 从非空序列 seq 返回一个随机元素。如果 seq 为空,则引发 IndexError |
| random. shuffle(x[,random]) | 将序列 x 随机打乱位置 |
| random. sample ( population, k, * ,counts=None) | 返回从总体序列或集合中选择的唯一元素的 k 长度列表。用于无重复的随机抽样 |
| random. random() | 返回 [0.0,1.0] 范围内的下一个随机浮点数 |
| random. uniform(a,b) | 返回一个随机浮点数 N,当 a <= b 时 a <= N <= b,当 b < a 时 b <= N <= a |

另外,turtle 模块也是内置在 Python 中用于绘制图形的模块,turtle 中文释义是海龟的意思,其实是因为用该模块画图,好比一只海龟在爬行过程中形成的图形,绘图过程非常直观便于理解。接下来介绍 turtle 模块常用方法,如表 10-5 所示。

表 10-5　turtle 模块常用方法

| 方　　法 | 描　　述 |
|---|---|
| turtle. forward(distance) | 向当前画笔方向移动 distance 像素长度 |
| turtle. backward(distance) | 向当前画笔相反方向移动 distance 像素长度 |
| turtle. right(degree)/turtle. left(degree) | 顺时针移动 degree 度/逆时针旋转 degree 度 |
| turtle. goto(x,y) | 将画笔移动到坐标为 x,y 的位置 |
| turtle. penup()/turtle. pendown() | 从画布上提起绘画笔/落下绘画笔 |
| turtle. circle() | 画圆,半径为正(负),表示圆心在画笔的左边(右边)画圆 |
| turtle. fillcolor(colorstring) | 绘制图形的填充颜色 |
| turtle. color(color1,color2) | 同时设置 pencolor=color1,fillcolor=color2 |
| turtle. filling() | 返回当前是否在填充状态 |
| turtle. begin_ fill()/turtle. end_ fill() | 开始填充图形/终止填充图形 |
| turtle. hideturtle()/turtle. showturtle() | 隐藏/显示画笔的 turtle(乌龟)形状 |
| turtle. mainloop()或 turtle. done() | 启动事件循环-调用 Tkinter 的 mainloop() 方法或直接调用 done() 方法终止。必须是乌龟图形程序中的最后一个语句,防止弹窗闪退 |

现在运用 turtle 绘制对称圆环和五角星,代码如例 10-4 所示。

【例 10-4】　turtle 绘制对称圆环和五角星代码示例。

```
import turtle

turtle.setup(1200, 600)          # 设置画布大小为 1200×600
turtle.speed(100)                # 控制画笔速度为 100
turtle.pencolor("red")           # 控制画笔颜色为红色
turtle.pensize(2)                # 控制画笔粗细为 2
for i in range(40):              # 循环 40 次画圆
    turtle.circle(100)           # 圆的半径为 100
    turtle.left(10)              # 每画一个圆,画笔沿逆时针方向旋转 10 度
```

```
turtle.penup()                      # 移动时先提起画笔,否则会在移动过程中留下痕迹
turtle.home(x)                      # 将画笔方向还原至朝向 x 轴正方向
turtle.goto(300, 0)                 # 画笔移动到坐标轴中(300,0)点处
turtle.pendown()                    # 将画笔落下


turtle.fillcolor("red")             # 五角星填充色为红色
turtle.begin_fill()                 # 开始填充
for i in range(5):                  # 循环 5 次绘制五角星
    turtle.forward(100)             # 五角星第一条线段长为 100 个像素点单位
    turtle.left(72)                 # 绘制第一条线段后,画笔沿逆时针方向旋转 72 度
    turtle.forward(100)             # 五角星第二条线段长为 100 个像素点单位
    turtle.right(144)               # 绘制第二条线段后,画笔沿顺时针方向旋转 144 度
turtle.end_fill()                   # 结束填充
turtle.hideturtle()                 # 隐藏画笔
turtle.done()                       # 防止弹窗闪退
```

输出结果如图 10-1 所示。

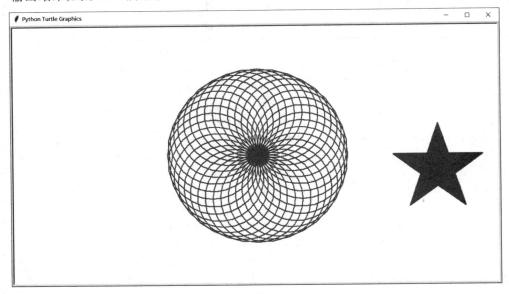

图 10-1　对称圆环和五角星

## 10.4　自定义模块

在程序开发过程中,为了便于将功能实现细节与程序逻辑合理地分离,可以通过函数的调用与模块的导入来实现。将实现细节以函数的方式封装在函数体中,然后将处理同一功能的子函数封装在自定义模块当中,最后在控制流程逻辑的主脚本程序中,导入自定义模块后,就可以非常方便地使用自定义模块中已经写好的功能函数了。这样可以很好地保证主脚本程序中不会出现大量的代码导致逻辑混乱、结构臃肿,实现程序代码的扁平化,便于代码编写、逻辑梳理、阅读和维护调试。

自定义模块应用案例——简易计算器。

（1）首先创建一个 calculate. py 的 Python 文件，用来实现计算器的加、减、乘、除、取整除、求余和幂运算。

（2）在同一个项目文件夹下创建一个名为 main. py 的主脚本文件，用来实现简易计算器的逻辑。

（3）最后在 main. py 中导入自定义模块，也就是 calculate. py，就可以在主脚本中调用各种功能函数来实现计算功能，代码如例 10-5 所示。

【例 10-5】 自定义模块代码示例。

calculate. py 中的程序实例如下：

```python
# 加法
def add(x, y):
    return x + y
# 减法
def subtract(x, y):
    return x - y
# 乘法
def multiply(x, y):
    return x * y
# 除法
def divide(x, y):
    if y == 0:
        return "除数不能为"
    else:
        return x / y
# 取整除
def floor_divide(x, y):
    if y == 0:
        return "除数不能为"
    else:
        return x // y
# 求余
def modulo(x, y):
    if y == 0:
        return "除数不能为"
    else:
        return x % y
# 幂运算
def power(x, y):
    return x ** y
```

main. py 中的程序实例如下：

```python
import calculate as Cal
print("""
********************************
        简易计算器
    + :加法运算  - :减法运算
    * :乘法运算  / :除法运算
    % :求余运算  // :取整除运算
    ** :幂运算  # :退出""")
********************************
```

```python
while True:
    sign = input("请输入运算对应的符号")
    if sign == "  ":
        print("退出计算器")
        break
    x = eval(input("请输入第一个数字"))
    y = eval(input("请输入第二个数字"))
    if sign == "+":
        print("{}+{}={}".format(x, y, Cal.add(x, y)))
    elif sign == "-":
        print("{}-{}={}".format(x, y, Cal.subtract(x, y)))
    elif sign == "*":
        print("{}*{}={}".format(x, y, Cal.multiply(x, y)))
    elif sign == "/":
        print("{}/{}={}".format(x, y, Cal.divide(x, y)))
    elif sign == "//":
        print("{}//{}={}".format(x, y, Cal.floor_divide(x, y)))
    elif sign == "%":
        print("{}%{}={}".format(x, y, Cal.modulo(x, y)))
    elif sign == "**":
        print("{}**{}={}".format(x, y, Cal.power(x, y)))
    else:
        print("目前该计算器功能只能实现'+','-','*','/','//','%','**'运算")
```

输出结果如下：

```
    简易计算器
 +:加法运算  -:减法运算
 *:乘法运算  /:除法运算
 %:求余运算  //:取整除运算
 **:幂运算  #:退出

请输入运算对应的符号:*
请输入第一个数字:9
请输入第二个数字:3
9*3=27
请输入运算对应的符号:%
请输入第一个数字:9
请输入第二个数字:3
9%3=0
请输入运算对应的符号:#
退出计算器
```

本例中将加、减、乘、除等功能实现的细节存放到了 calculate.py 中，并导入 main.py 中，主脚本程序只需要实现数据的输入输出和符号的选择等逻辑，使得逻辑与处理细节有效分离，程序结构更加清晰，更利于程序的维护调试。

## 10.5 常用的第三方模块

Python 的第三方模块非常丰富，包含更多领域、功能更为强大的各种方法，但是并没有集成到 Python 的环境中，所以需要用到某个第三方模块时，需要先下载安装到 Python 环境中,才能导入使用。下载需要使用 Python 官方提供并维护的 pip 工具,这个工具是非常常用且高效的第三方库在线安装工具。pip 常用命令如表 10-6 所示。

表 10-6　pip 常用安装命令

| 命　令 | 描　述 |
|---|---|
| pip install package_name | 安装第三方库 |
| pip uninstall package_name | 卸载第三方库 |
| pip list | 给出环境当前已安装的第三方库 |
| pip-help | 查看 pip 工具有哪些命令 |

Python 中常用的第三方模块如表 10-7 所示。

表 10-7　常用的第三方模块

| 模　块　名 | 描　述 |
|---|---|
| NumPy | 用于矩阵运算、线性代数等 |
| pandas | 数据分析 |
| Matplotlib | 2D 和 3D 绘图库、数据可视化 |
| SciPy | 依赖于 NumPy 模块的科学计算库 |
| Scrapy | 网页爬虫框架 |
| sklearn | 机器学习和数据挖掘 |
| Django | Python 开发网页最受欢迎的开源框架之一 |
| pygame | 游戏软件开发 |

**多学一招**:Python 的第三方模块在清华大学有镜像文件,下载模块可以更加稳定快速。

清华大学下载命令:
pip install packagename - i https://pypi.tuna.tsinghua.edu.cn/simple - - trusted - host pypi.tuna.tsinghua.edu.cn

## 10.6　实训案例

视频讲解

很多网站的注册登录业务都加入了验证码技术,用来区分当前注册或登录的用户是人还是计算机脚本,防止恶意软件自动进行刷票、论坛灌水、恶意注册等行为。验证码的种类很多,常见的验证码是由大写字母、小写字母、数字随机组成的 6 位验证码。

本案例要求编写程序,实现随机生成由大写字母、小写字母、数字组成的 6 位验证码的功能。

**1. 案例的实现思路**

(1) 字符类型控制。

6 位验证码随机产生,且由大写字母、小写字母、数字三种字符类型组成,可以指定数字 1、2、3 来表示大写字母、小写字母、数字这几种字符类型。表示类型的 1、2、3 三个数字可以调用 random.randint() 函数来生成。

(2) 字符的随机生成。

数字类型对应的数值范围为 0～9,大写字母对应的 ASCII 码范围为 65～90,小写字母对应的 ASCII 码范围为 97～122。每一种字符对应着不同范围的数值,这样,符号的产生也可以先由 random.randint()函数来生成数值,再由调用内置函数 chr()将数值转换对应的字符。

（3）验证码对应字符有 6 位,由循环控制执行 6 次上面两步的操作,再将每次产生的字符依次拼接成字符串即可得到验证码。

（4）6 位验证码的生成是一个独立的功能,可以用函数来实现。

**2. 案例参考代码**

```python
# 导入 random 模块
import random
def random_verification_code():
    verifycode = ""                # 放验证码
    # 控制验证码的字符个数
    for i in range(6):
        # 随机生成一个类型码,1 表示大写字母,2 表示小写字母,3 表示数字
        kind = random.randint(1,3)
        if kind == 1:              # 大写字母
            upper_case = chr(random.randint(65, 90))
            verifycode += upper_case
        elif kind == 2:            # 小写字母
            lower_case = chr(random.randint(97,122))
            verifycode += lower_case
        elif kind == 3:            # 数字
            verifycode += str(random.randint(0,9))
    return verifycode

verifycode = random_verification_code()
print(f'随机验证码为:{verifycode}')
```

输出结果如下:

```
随机验证码为:9995QR
```

运行结果如图 10-2 所示。

```
C:\Python312\python.exe C:\pythonProject\chapter10\p10_06.py
随机验证码为:9995QR

Process finished with exit code 0
```

**图 10-2　运行结果**

因为验证码随机产生,所以每次运行结果都不一样。

## 本章小结

本章主要讲述了 Python 模块相关知识,包括模块的概念、模块的导入与使用、常用的内置模块、自定义模块的创建与引用,第三方模块的下载与安装。模块不仅能提高开发的效率,而且使代码具有更清晰的结构。

# 习题

## 一、填空题

1. Python 中的模块可以分为_____模块、_____模块和自定义模块。

2. Python 可以使用 from 和关键字_____,直接导入模块中的函数。

3. random.choice(seq)方法的功能是_____。

4. localtime()函数获取的是_____,gmtime()函数获取的是_____。

5. 在使用第三方模块之前,需要使用包管理工具_____下载和安装第三方模块。

## 二、判断题

1. Python 开发人员可以使用内置库,也可以使用第三方库。　　　　（　　）

2. turtle 是 Python 内置的一个标准模块。　　　　　　　　　　　（　　）

3. "from 模块名 import * "方式可以简化模块中内容的引用,但存在函数重名的隐患,因此相对而言使用 import 语句导入模块更加安全。　　　　　　　　　　（　　）

4. 时间差的计算没有意义。　　　　　　　　　　　　　　　　　　（　　）

5. 如果只单纯地导入模块的函数,调用函数时只用给出函数名。　　　（　　）

## 三、选择题

1. 下列选项中,用于判断文件是作为脚本执行还是被导入其他程序的是（　　）。

    A. __exce__ 　　　　B. __name__ 　　　　C. __init__ 　　　　D. __main__

2. 下列方法中,返回结果是时间戳的是（　　）。

    A. time.sleep() 　　　　　　　　　　B. time.localtime()

    C. time.time() 　　　　　　　　　　D. time.strftime()

3. 阅读下面的程序:

```
gmtime = time.gmtime()
time.asctime(gmtime)
```

下列选项中,可能为以上程序输出结果的是（　　）。

    A. time.struct_time(tm_year＝2020,tm_mon＝4,tm_mday＝11,tm_hour＝11,
       tm_min＝54,tm_sec＝42,tm_wday＝5,tm_yday＝102,tm_isdst＝－1)

    B. 3173490635.1554217

    C. 'Mon Apr 13 02:05:38 2020'

    D. '11:54:42'

4. 下列关于 Python 中模块的说法中,正确的是（　　）。

    A. 程序中只能使用 Python 内置的标准模块

    B. 只有标准模块才支持 import 导入

    C. 使用 import 语句只能导入一个模块

    D. 只有导入模块后,才可以使用模块中的变量、函数和类

5. 阅读下面程序：

```
random.randrange(1,10,2)
```

下列选项中，不可能为以上程序输出结果的是(      )。

  A. 1      B. 4      C. 7      D. 9

**四、简答题**

1. 简述 Python 中库、包和模块的概念。

2. 简述__name__属性的用法。

**五、编程题**

1. 编写程序完成一个高考倒计时器，该计时器接收用户从键盘输入的高考时间，并提示用户距离高考时间剩余的天数。

2. 使用 turtle 模块绘制一个五角星，填充为红色，框线为红色。

案例导读

# 第11章

# 数据库编程

## 学习目标

➤ 了解数据库概念。

➤ 掌握 SQL 语言。

➤ 掌握 MySQL 数据库的创建及对数据记录的操作。

➤ 掌握 SQLite 数据库的创建及对数据记录的操作。

　　随着数据量的爆炸性增长，如何高效地存储、检索和处理数据成为现代软件开发中的关键问题。Python 以其简洁的语法、丰富的库资源和强大的可扩展性，在数据库编程领域展现出巨大的潜力。

　　Python 提供了多种连接和操作数据库的方式，包括使用 ODBC、DAO、ADO 等接口，以及通过 Python 的专用模块（如 PyMySQL、SQLite 3）来直接连接和操作数据库。

　　常见数据库管理系统有 SQL Server、MySQL、Access、Oracle、SQLite 等，它们都提供了 Python 接口，本章主要讲述采用 Python 的专用模块 PyMySQL 和 SQLite 3 来直接连接和操作 SQLite 和 MySQL 数据库的方法。

## 11.1　数据库基础知识

数据库是计算机科学中非常重要的概念,用于存储和组织数据以及提供数据访问的有效方式。在 Python 程序设计中,使用数据库可以帮助存储和检索大量数据,从而使程序更加灵活和功能强大。

### 11.1.1　数据库概述

**定义**:数据库(Database,DB)是指长期存储在计算机内的,有组织、可共享的数据的集合。这些数据按一定的数学模型组织、描述和存储,具有较小的冗余度、较高的数据独立性和易扩展性。

**作用**:数据库用于存储和管理大量数据,提供数据的增、删、改、查(CRUD)等操作,是现代软件开发中不可或缺的重要组成部分。

### 11.1.2　数据库分类

根据数据的存储和处理方式,数据库主要分为关系型数据库(Relational Database)和非关系型数据库(Non-Relational Database,NoSQL)。

**1. 关系型数据库**

**定义**:建立在关系模型基础上的数据库,通过表格形式组织数据,每个表格代表一个实体集,表格中的行代表实体,列代表实体的属性。

**特点**:数据之间通过关系(如外键)相互关联,支持复杂的数据查询和事务处理。

**典型代表**:MySQL、PostgreSQL、Oracle、SQL Server 等。

**2. 非关系型数据库**

**定义**:非关系型数据库,又称 NoSQL 数据库,其数据存储不需要固定的表格模式,而是以键值对、文档、列族或图形等形式存储。

**特点**:扩展性好、读写性能高,适用于大数据、高并发等场景。

**典型代表**:MongoDB、Redis、Cassandra、HBase 等。

Python 中有许多用于操作数据库的库和框架,其中最流行的有如下四种。

(1) SQLite:一个轻量级的嵌入式关系型数据库,适合小型项目和原型开发。

(2) PyMySQL:一个纯 Python 实现的 MySQL 客户端库,支持兼容 Python 3,用于代替 MySQL 数据库。

(3) SQLAlchemy:一个功能强大的 SQL 工具包和对象关系映射(ORM)库,支持多种数据库后端。

(4) Django ORM:Django 框架内置的 ORM 工具,使得与数据库的交互更加简单。

## 11.2　关系型数据库标准语言 SQL

### 11.2.1　SQL 简介

结构化查询语言(Structured Query Language,SQL)是一种用于管理关系型数据库系统的标准化语言。SQL 允许用户执行各种操作,包括插入、更新、删除和查询数据。它是与所有现代关系型数据库系统(如 MySQL、PostgreSQL、SQLite、Oracle、SQL Server 等)兼容的通用语言。

## 11.2.2 常用的 SQL 语句

SQL 的语法结构清晰,功能强大。它允许用户以非过程化的方式定义数据的操作,即用户只需指定要执行的操作,而不需要关心数据的具体存储方式和存取路径。

SQL 的功能包括但不限于以下方面。

### 1. 定义数据库模式

通过 CREATE SCHEMA 和 CREATE TABLE 等语句定义数据库的结构和表的结构。接下来通过案例来演示,创建数据库和数据表分别如例 11-1 和例 11-2 所示。

【例 11-1】 创建数据库 stuDB。

```
1  create database stuDB;
```

【例 11-2】 创建学生信息表 stus。

在 SQL 中创建学生信息表(假设表名为 stus)时,首先需要确定想要存储的学生信息包括哪些字段。一般来说,学生信息表可能包括学生的 ID(主键)、姓名、性别、年龄、入学年份、专业等信息,基于这些常见字段的 SQL 创建表语句示例:

```
1  use stuDB;    # 使用 stuDB 数据库
2  CREATE TABLE stus (
3    student_id INT AUTO_INCREMENT PRIMARY KEY,
4    name VARCHAR(100) NOT NULL,
5    gender VARCHAR(100) NOT NULL,    -- 假设 M 代表男性,F 代表女性
6    age INT NOT NULL,
7    enrollment_year INT NOT NULL,
8    major VARCHAR(100) NOT NULL
9  );
```

### 2. 数据插入

使用 INSERT 语句向表中插入新的数据记录,如例 11-3 所示。

【例 11-3】 向 stus 表中插入一名名为"张三"的学生,其性别为"男"('M')、年龄为 20 岁、入学年份为 2024 年、专业为"软件技术"。

向 stus 表中插入一条新记录的 SQL 语句将依赖于该表的结构,即它包含的字段。基于之前给出的 stus 表结构,插入新记录的 SQL 示例:

```
1  INSERT INTO stus (name, gender, age, enrollment_year, major) VALUES ('张三', 'M', 20, 2024,
   '软件技术');
```

注意:没有指定 student_id 字段,因为它被设置为自增(AUTO_INCREMENT),所以数据库会自动为新记录生成一个唯一的 ID。

### 3. 数据查询

通过 SELECT 语句从表中检索数据,支持复杂的查询条件和数据聚合,如例 11-4～

例 11-6 所示。

**【例 11-4】** 查询 stus 表中的所有记录。

要查询 stus 表中的所有记录，可以使用一个简单的 SELECT 语句，而不指定任何条件（没有 WHERE 子句），SQL 查询语句：

```
1  SELECT * FROM stus;
```

这条语句会返回 stus 表中的所有列和所有行。＊是一个通配符，表示选择所有列。

**【例 11-5】** 只查询姓名和性别。

如果只对表中的某些列感兴趣，可以将＊替换为想要查询的列名，用逗号分隔。例如，如果只想查询姓名和性别，可以这样写：

```
1  SELECT name, gender FROM stus;
```

**【例 11-6】** 查询姓名为"张三"的记录。

```
1  SELECT * FROM stus WHERE name = '张三';
```

### 4. 数据更新

使用 UPDATE 语句修改表中的数据记录，如例 11-7 所示。

**【例 11-7】** 更新 stus 表中 student_id 为 1 的学生信息，姓名改成"李四三"，性别为"女"('F')，年龄为 23 岁，入学年份为 2021 年，专业为"软件技术"。

更新 stus 表中 student_id 为 1 的同学信息的 SQL 语句将依赖于该表的结构和更新你想要的数据。以下是一个示例 SQL 语句，它向 stus 表中插入一条新记录，包含学生的姓名、性别、年龄、入学年份和专业：

```
1  UPDATE stus SET name = '李四三', gender = 'F', age = 23, enrollment_year = 2021, major = '软件
   技术' WHERE student_id = '1';
```

**注意**：stus 表中的 student_id 字段被设置为自增（AUTO_INCREMENT），是数据库自动为记录生成一个唯一的 student_id 值。如果是根据 student_id 去修改学生信息的，那么 student_id 就不修改。

### 5. 数据删除

通过 DELETE 语句从表中删除数据记录，如例 11-8 所示。

**【例 11-8】** 删除 stus 表中 student_id＝1 的记录：

```
1  DELETE FROM stus WHERE student_id = 1;
```

视频讲解

## 11.3 Python 操作 MySQL 数据库

MySQL 是一种流行的关系型数据库管理系统（RDBMS），由瑞典 MySQL AB 公司开发，后被 Sun Microsystems 收购，并最终成为 Oracle 公司的一部分。MySQL 以其高性能、可靠性、扩展性和安全性著称，广泛应用于 Web 应用程序、企业应用程序、移动应用程序等领域。

## 11.3.1　下载和安装 MySQL 数据库

MySQL 的安装过程相对简单,但具体步骤可能因操作系统和 MySQL 版本的不同而有所差异。以下是一个通用的 MySQL 8 安装步骤概述,以 Windows 系统为例。

### 1. 下载 MySQL

访问 MySQL 官方网站(网址详见前言二维码),进入下载页面。成功打开 MySQL 官网后,单击 DOWNLOADS 栏目,即可显示 MySQL 的下载页面,如图 11-1 所示。

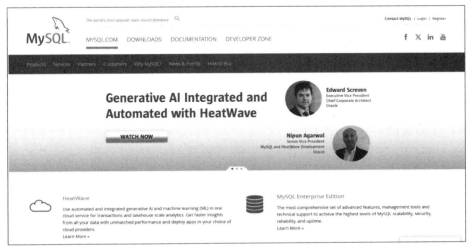

图 11-1　MySQL 官网

打开 DOWNLOADS 页面,滑动到页面的最下方,单击 MySQL Community(GPL) Downloads 链接,进入 MySQL 社区版的下载页面,如图 11-2 所示。

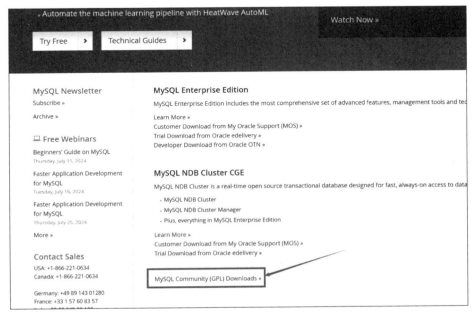

图 11-2　Downloads 页面

在 MySQL 社区版下载页面内选择 MySQL Installer for Windows 链接，就可以进入 Windows 安装包的下载界面，如图 11-3 所示。在 Windows 安装包的下载界面中有两个下载选项，分别为 mysql-installer-web-community-8.0.38.0.msi 与 mysql-installer-community-8.0.38.0.msi，如图 11-4 所示。

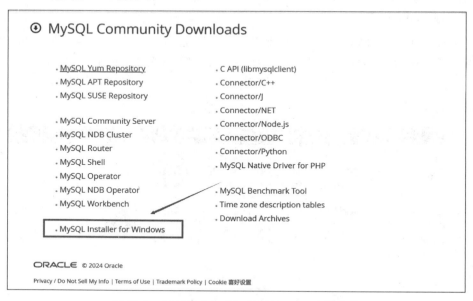

图 11-3　MySQL Installer for Windows 安装路径

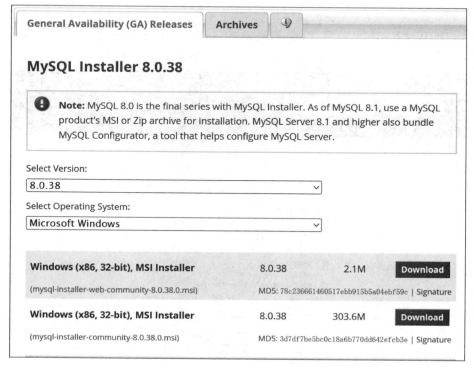

图 11-4　Windows 安装包界面

如果最新版本并不是需求版本,在下载界面 Archives 栏目中的 Product Version 列表中可以看到 MySQL 的历史版本,选择想要的版本下载。例如,选择 8.0.27 版本,然后下载 mysql-installer-community-8.0.27.1.msi,如图 11-5 所示。

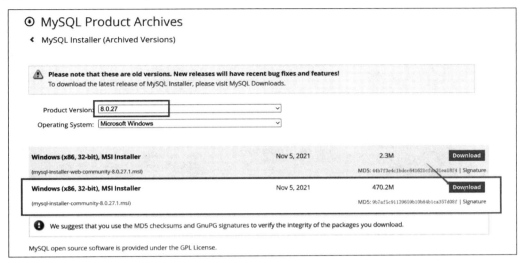

图 11-5　MySQL 历史版本下载

**2. 安装 MySQL**

(1)双击下载好的 mysql-installer-community-8.0.27.1.msi,进入 MySQL 安装启动界面,如果弹出框提示有最新版本是否更新,选择否,单击 No 按钮,如图 11-6 所示。

图 11-6　不更新版本

(2)进入安装界面,如图 11-7 所示。

安装界面有以下选项。

① Developer Default:安装 MySQL 开发所需的所有产品。

② Server only:仅安装 MySQL 服务器端。

③ Client only:仅安装 MySQL 客户端。

④ Full:安装 MySQL 所有产品和功能。

⑤ Custom:用户自定义安装。

(3)在 Python 数据库编程中,选择 Developer Default 安装模式后,单击 Next 按钮,进入安装路径选择界面。若选择默认安装路径,默认安装路径系统会自动添加环境变量;若选择修改安装路径,需要手动添加环境变量。选择默认安装路径,如图 11-8 所示。

图 11-7　MySQL 安装界面

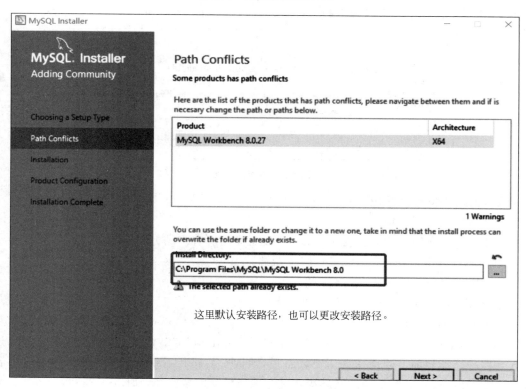

这里默认安装路径，也可以更改安装路径。

图 11-8　安装路径选择

（4）单击 Next 按钮后显示确认页面如图 11-9 所示，继续单击 Execute 按钮开始安装，在当前页面会显示安装进度，需要等待所有的产品出现 Complete，如图 11-10 所示。

图 11-9　Installation 界面

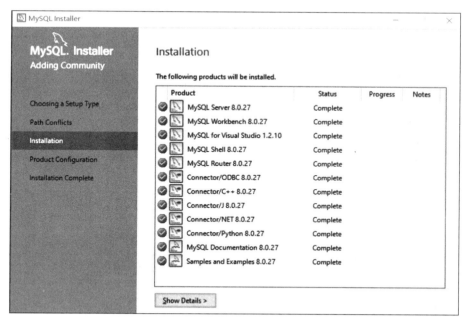

图 11-10　execute 完成

（5）单击 Next 按钮后进入确认产品配置界面，再单击 Next 按钮后便会进入配置界面，如图 11-11 所示。在配置界面有几个参数需要进行选择与设置，参数保留默认选项即可，单击 Next 按钮，进入认证方式的选择界面，如图 11-12 所示。这里有两个认证选项，默认选择即可。

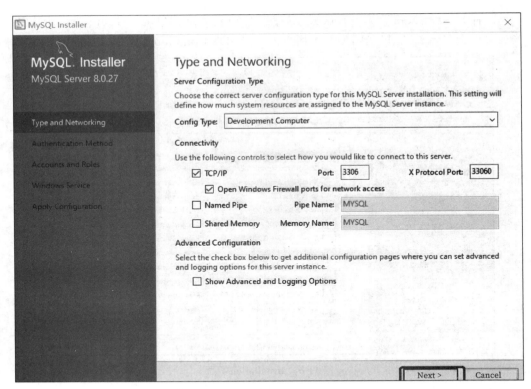

图 11-11　Type and Networking 配置

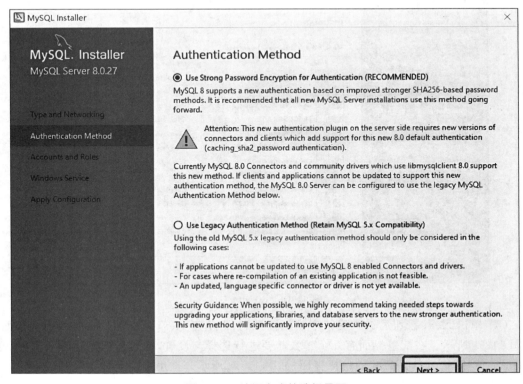

图 11-12　认证方式的选择界面

（6）单击 Next 按钮，进入密码设置界面，如图 11-13 所示。

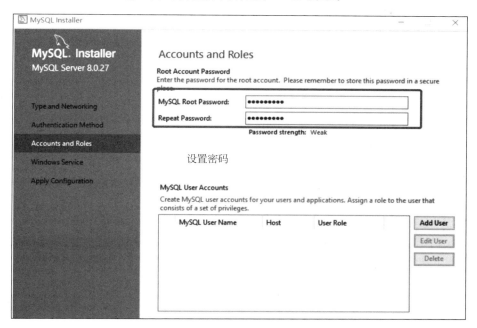

图 11-13　密码设置界面

设置 root 用户的密码，root 用户是超级用户，拥有对 MySQL 操作的所有权限，除了可以设置 root 密码以外，在当前页面还可以添加新的用户，并且赋予相应的权限。为了操作方便，这里只需设置 root 用户的密码。该密码需要记住，建议设置为常用密码。

设置好密码后，单击 Next 按钮进入 Windows Service 设置界面，使用默认设置即可。

（7）单击 Next 按钮进入配置确认界面，如图 11-14 所示，单击 Execute 按钮确认执行相关配置。确认执行后等待配置生效，然后出现 The configuration operation has completed，如图 11-15 所示。单击 Finish 按钮完成安装，并出现产品配置确认界面和路由配置确认界面，不需要做任何选择。

图 11-14　配置确认界面

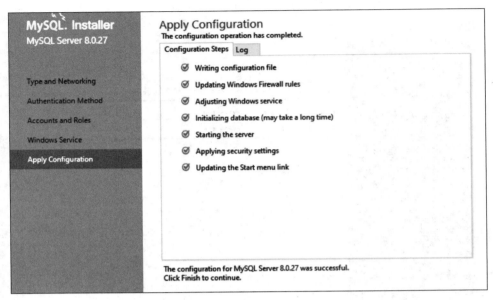

图 11-15　配置完成界面

（8）单击 Finish 按钮完成确认，并出现连接到服务界面，如图 11-16 所示。输入正确的账号和密码，单击 Check 按钮，连接如图 11-17 所示。单击 Next 按钮跳转到应用配置确认界面，安装完成，如图 11-18 所示。

图 11-16　连接到服务界面

图 11-17 连接成功

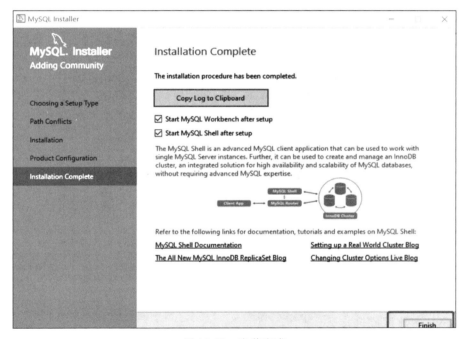

图 11-18 安装完成

### 3. 安装 MySQL 可视化工具

（1）选择 Navicat Premium 15 安装，下载后双击打开进入安装界面，如图 11-19 所示，单击"下一步"按钮，进入许可同意选择界面。选择同意协议后进入安装路径选择界面，如图 11-20 所示。

图 11-19　Navicat Premium 15 安装界面

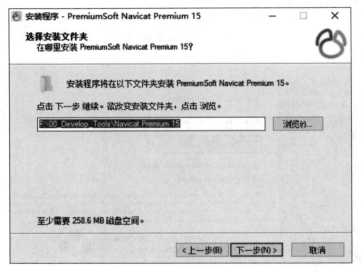

图 11-20　安装路径选择

（2）可以使用默认目录，也可以单击浏览选择其他目录。建议选择默认安装目录即可。选择完安装目录后一直单击"下一步"按钮，直到出现"安装"按钮并单击。安装进度界面如图 11-21 所示。等待几分钟安装完成，如图 11-22 所示。

**4. Navicat 数据库连接**

（1）Navicat 安装完成后，双击 Navicat 图标打开 Navicat 界面，然后单击"连接"，如图 11-23 所示。

（2）在打开的下拉列表中选择 MySQL，如图 11-24 所示。

（3）在打开的对话框中输入连接名、用户名、密码，单击连接测试，如图 11-25 所示。测试连接成功如图 11-26 所示，数据库与可视化工具都安装成功。

图 11-21 安装进度界面

图 11-22 安装完成

图 11-23 Navicat 连接

图 11-24　选择 MySQL

图 11-25　数据库用户名与密码输入

图 11-26　连接成功

## 11.3.2　安装 PyMySQL

PyMySQL 是一个用于 Python 数据库编程的第三方模块，提供了一个简单而强大的接口，使开发者能够在 Python 程序中执行各种数据库操作，如查询、插入、更新和删除数据等。

PyMySQL 是在 Python 3.x 版本中用于连接 MySQL 服务器的一个库，Python 2 中则使用 MySQLdb。PyMySQL 遵循 Python 数据库 API v2.0 规范，并包含了 pure-Python MySQL 客户端库。

通过在命令行中运行以下命令来安装 PyMySQL 模块：

```
1    pip install pymysql
```

## 11.3.3　PyMySQL 常用对象

PyMySQL 库中提供 Connection 和 Cursor 两个数据库常用对象。

**1. Connection 对象**

Connection 对象用于建立与 MySQL 数据库的连接，连接方法：

```
1  connect(host,port,user,password,database,charset)
```

Connection 对象常用参数及其类型与含义说明如表 11-1 所示。

表 11-1　Connection 对象常用参数

| 参　　数 | 类型 | 含　义　说　明 |
| --- | --- | --- |
| host | 字符串 | 数据库所在主机的 IP 地址，若数据库位于本机，可设为 localhost |
| port | 数字 | 数据库占用的端口，默认是 3306 |
| user | 字符串 | 连入数据库时使用的用户名 |
| password | 字符串 | 用户密码 |
| database | 字符串 | 数据库的名称 |
| charset | 字符串 | 通信采用的编码方式，推荐使用 UTF-8 |

Connection 对象提供了一些数据库操作的常用方法，如表 11-2 所示。

表 11-2　Connection 对象常用方法

| 方法 | 说　　明 |
| --- | --- |
| cursor | 使用该链接创建并返回游标 |
| commit | 提交当前事务 |
| rollback | 回滚当前事务。事务回滚指事务运行过程中因发生某种故障而不能继续执行，导致系统将事务中对数据库的所有已完成的更新操作全部撤销，将数据库返回到事务初始状态 |
| close | 关闭链接 |
| open | 如果连接仍然处于开启状态则返回 True |

数据库连接如例 11-9 所示。

【例 11-9】　连接学生管理系统数据库 stuDB。

```
1  # Connect to the database
2  connection = pymysql.connect(host = 'localhost',
```

```
3                         port = 3306,
4                         user = 'root',
5                         password = '123456',
6                         database = 'stuDB',
7                         charset = 'utf8mb4',
8                         cursorclass = pymysql.cursors.DictCursor)
```

### 2. Cursor 对象

Cursor 对象即游标对象，是用于与数据库进行交互的对象，它主要负责执行 SQL 语句。

不要自己创建一个 Cursor 的实例，而是通过调用 connections. Connection. cursor() 来构造。

Cursor 对象的常用属性和方法分别如表 11-3 和表 11-4 所示。

表 11-3　Cursor 对象的常用属性

| 属　　　性 | 说　　　明 |
| --- | --- |
| rowcount | 获取最近一次 execute() 执行后受影响的行数 |
| connection | 获得当前连接对象 |

表 11-4　Cursor 对象的常用方法

| 方　　　法 | 说　　　明 |
| --- | --- |
| execute(query,args＝None) | 执行 SQL 语句，返回受影响的行数。<br>• query 参数：待执行的 SQL 语句<br>• args 参数：SQL 语句所需的参数如 args 为列表或元组，则 query 中需包含 %s；如 args 为字典，则 query 中需包含 %(name)s |
| fetchall() | 执行 SQL 查询语句，将结果集（符合 SQL 语句中条件的所有行集合）中的每行转化为一个元组，再将这些元组装入一个元组返回 |
| fetchmany(size＝None) | 执行 SQL 查询语句，返回结果集中的指定数量行 |
| fetchone() | 执行 SQL 查询语句，获取下一个查询结果集 |
| close | 关闭游标 |

使用 Cursor 对象的方法获得游标对象如例 11-10 所示。

【例 11-10】　使用上文创建的 Connection 对象 conn 获得游标对象，示例代码如下：

```
1   cs_obj = connection.cursor()
```

## 11.3.4　PyMySQL 的使用

使用 PyMySQL 库访问 MySQL 数据库步骤如下。

### 1. 创建连接

创建连接，如例 11-11 所示。

【例 11-11】　使用 connect() 方法创建用于连接数据库的 Connection 对象。数据库用户名为 root，密码为 123456，数据库名称为 studb。

```
1   import pymysql
2   # 连接数据库
3   try:
```

```
4    connection = pymysql.connect(
5        host = 'localhost',
6        user = 'root',
7        password = '123456',
8        database = 'studb',
9        charset = 'utf8'
10   )
11 except pymysql.Error as e:
12     print("数据库连接失败", e)
```

### 2. 获取游标

获取游标,如例 11-12 所示。

【例 11-12】　使用 Connection 对象的 cursor()方法创建 Cursor 对象。

```
1   # 获得游标
2   cursor = connection.cursor()
```

### 3. 执行 SQL 语句

使用 Cursor 对象的 execute()、fetchone()等方法执行 SQL 语句,实现数据的增加、更新、删除、查询等。

(1) 数据增加。单条数据增加和多条数据增加分别如例 11-13 和例 11-14 所示。

【例 11-13】　向 stus 表中添加一名名为"小花"的学生,性别为"女"('F'),年龄为 18 岁,入学年份为 2024 年,专业为"计算机网络技术"。

```
1   data = ('小花', 'M', 18, 2024, '计算机网络技术')
2   sql = "INSERT INTO stus (name, gender, age, enrollment_year, major) VALUES (%s, %s, %s, %s, %s)"
3   cur.execute(sql, data)
4   connection.commit()
```

【例 11-14】　向 stus 表中添加两名新学生,分别为"小明,男,19 岁,2024 年入学,计算机网络技术专业""王五,女,19 岁,2023 年入学,软件技术专业"。

```
1   sql = "INSERT INTO stus (name, gender, age, enrollment_year, major) VALUES ('小明', 'M', 19, 2024, '计算机网络技术'),('王五', 'F', 19, 2023, '软件技术')"
2   cur.execute(sql)
3   connection.commit()
```

(2) 数据更新,如例 11-15 所示。

【例 11-15】　将 stus 表中 student_id=1 的记录 name 字段改成"小丽",专业改成"计算机网络"。

```
1   data = ('小丽', '计算机网络',1)
2   sql = "UPDATE stus SET name = %s, major = %s WHERE student_id = %s"
3   cur.execute(sql, data)
4   connection.commit()
```

(3) 查询数据。查询所有数据、根据条件查询数据、模糊查询数据分别如例 11-16～例 11-18 所示。

【例 11-16】 查询 stus 表中的所有数据。

```
1  sql = "SELECT * FROM stus"
2  cur.execute(sql)
3  connection.commit()
```

【例 11-17】 查询 stus 表中 student_id＝1 的数据。

```
1  data = (1)
2  sql = "SELECT * FROM stus WHERE student_id = % s"
3  cur.execute(sql,data)
4  connection.commit()
```

【例 11-18】 查询 stus 表中姓王的学生。

```
1  sql = "SELECT * FROM stus WHERE name LIKE '% 王 % '"
2  cur.execute(sql)
3  connection.commit()
```

这条 SQL 语句的工作原理如下：

SELECT * FROM stus：选择 stus 表中的所有列，其中 * 代表所有列。

WHERE name LIKE '％王％'：这是一个条件语句，用于筛选 name 字段。LIKE 操作符用于在 WHERE 子句中搜索列中的指定模式。'王％'是一个模式，它表示任何包含"王"的字符串。因此，这个条件会匹配所有姓王的学生。

（4）删除数据，如例 11-19 所示。

【例 11-19】 删除 stus 表中 id＝2 的学生。

```
1  data = (2)
2  sql = "DELETE FROM stus WHERE student_id = % s'"
3  cur.execute(sql,data)
4  connection.commit()
```

### 4．关闭游标

使用 Cursor 对象的 close()方法关闭游标。

```
1  # 关闭游标
2  cursor.close()
```

### 5．关闭连接

使用 Connection 对象的 close()方法关闭连接。

```
1  # 关闭连接
2  connection.close()
```

视频讲解

## 11.4　Python 操作 SQLite 数据库

### 11.4.1　下载和安装 SQLite

SQLite 的一个重要的特性是零配置的，这意味着不需要复杂的安装或管理。下面将讲解 Windows 上的安装设置。

（1）访问 SQLite 下载页面，从 Windows 区下载预编译的二进制文件。下载 sqlite-tools-win-x64-＊.zip 和 sqlite-dll-win-64-＊.zip 压缩文件，如图 11-27 所示。

图 11-27　SQLite 下载

（2）创建文件夹"C:\sqlite"，并在此文件夹下解压上面两个压缩文件，将得到 sqlite3.def、sqlite3.dll、sqlite3.exe、sqldiff.exe 和 sqlite3_analyzer.exe 文件。

（3）添加"C:\sqlite"到 PATH 环境变量，最后在命令提示符下，使用 SQLite 3 命令，显示结果如图 11-28 所示，SQLite 安装成功。

图 11-28　SQLite 命令结果

## 11.4.2　SQLite 数据库基础

### 1. SQLite 简介

SQLite 是一个进程内的库，实现了自给自足的、无服务器的、零配置的、事务性的 SQL 数据库引擎。SQLite 引擎不是一个独立的进程，它无须在系统中进行配置，可以按应用程序需求进行静态或动态连接。SQLite 直接访问其存储文件。

SQLite 数据库非常小巧，完全配置时小于 400KB，省略可选功能配置时小于 250KB，非常适合用于移动应用和嵌入式系统。

### 2. SQLite 数据库的基本语法

SQLite 的动态类型系统兼容静态类型系统的数据库引擎，每种数据类型的字段都可以支持多种类型的数据。在 SQLite 数据库中，主要有以下几种数据类型（或者说是存储类别），如表 11-5 所示。

表 11-5　SQLite 数据类型

| 存　储　类 | 说　　　明 |
| --- | --- |
| NULL | 存储一个 NULL 值 |
| INTEGER | 存储一个带符号的整数,依据值的大小可以依次被存储为 1、2、3、4、6、8B |
| REAL | 存储一个浮点值,被存储为 8B 的 IEEE 浮点数 |
| TEXT | 存储一个文本字符串,编码格式为 UTF-8、UTF-16BE 或 UTF-16LE |
| BLOB | 存储一个 blob 数据,根据它的输入进行存储 |

### 3. SQLite 的使用场景

SQLite 数据库因其轻量级、开源免费和跨平台等特点,在中小型项目中得到了广泛应用。它特别适合于移动应用、桌面应用以及嵌入式系统等场景下的数据管理和存储。在这些场景中,SQLite 能够提供快速、可靠和灵活的数据服务。

## 11.4.3　标准库 SQLite 3 简介

### 1. SQLite 3 的基本概述

Python 标准库 SQLite 3 提供了 SQLite 数据库访问接口,不需要额外配置,连接数据库之后可以使用 SQL 语句对数据进行增、删、改、查等操作。

定义:SQLite 3 是一个进程内的库,实现了自给自足、无服务器、零配置、事务性的 SQL 数据库引擎。

语言支持:使用 ANSI-C 编写,并提供了简单和易于使用的 API。

应用范围:广泛应用于各种应用程序中,包括移动设备、桌面应用程序和嵌入式系统。

### 2. SQLite 3 的特点

轻量级:SQLite 数据库引擎库非常小,使得它易于嵌入其他应用程序中。

开源免费:SQLite 是一种开源的软件,已在公共领域发布,可以免费使用。

简单易用:SQLite 的设计非常简明扼要,具有精简的 API,易于学习和使用。

跨平台:SQLite 支持多种操作系统,包括 Windows、Linux、UNIX、mac OS X 等,可以方便地在不同平台之间移植和交换数据。

高效性:SQLite 在处理大量数据时非常高效,数据库操作快速。

健壮性:SQLite 在处理数据时非常稳健可靠,能够支持多种类型的数据,并且具有事务处理和数据完整性等关键特性。

### 3. SQLite 3 的基本操作

SQLite 3 提供了丰富的 SQL 命令来操作数据库,如创建表(CREATE TABLE)、插入数据(INSERT INTO)、查询数据(SELECT)、更新数据(UPDATE)和删除数据(DELETE)等。此外,SQLite 还提供了. databases、. tables、. quit 等命令来管理数据库和会话。

## 11.4.4　SQLite 3 的使用

### 1. SQLite 创建数据库

SQLite 3 命令的基本语法如下:

```
1  $ sqlite3 DatabaseName.db
```

使用 SQLite 3 创建数据库如例 11-20 所示。

【例 11-20】 创建一个新的图书管理系统数据库 library.db。

```
1   $ sqlite3 library.db
2   SQLite version 3.46.0 2024 - 05 - 23 13:25:27 (UTF - 16 console I/O)
3   Enter ".help" for usage hints.
4   sqlite>
```

上面的命令将在当前目录下创建一个文件 library.db。

使用 SQLite 的.databases 命令来检查它是否在数据库列表中。

```
1   sqlite> .databases
2   main: C:\Users\28059\library.db r/w
3   sqlite>
```

使用 SQLite.quit 命令退出 SQLite 提示符。

```
1   sqlite>.quit
2   $
```

### 2. SQLite 创建数据表

CREATE TABLE 语句的基本语法如下：

```
1   CREATE TABLE database_name.table_name(
2       column1 datatype   PRIMARY KEY(one or more columns),
3       column2 datatype,
4       column3 datatype,
5       ...
6       columnN datatype,
7   );
```

创建数据表如例 11-21 所示。

【例 11-21】 在数据库 library.db 中创建一个数据表 books。图书信息表可能包含书名、作者、出版社等字段。

```
1   CREATE TABLE books (
2       id INTEGER PRIMARY KEY AUTOINCREMENT,
3       title TEXT NOT NULL,
4       author TEXT NOT NULL,
5       publisher TEXT,
6   );
```

这个命令创建了一个名为 books 的表，它包含以下字段。

（1）id：一个自增的整数主键，用于唯一标识每本书。

（2）title：书的标题，不允许为空。

（3）author：书的作者，不允许为空。

（4）publisher：出版社，可以为空（如果未知）。

多学一招

可以在创建 library.db 后使用 Navicat 可视化软件打开数据库并创建数据表。

（1）打开 Navicat 后，单击连接，在下拉列表中选择 SQLite，如图 11-29 所示。

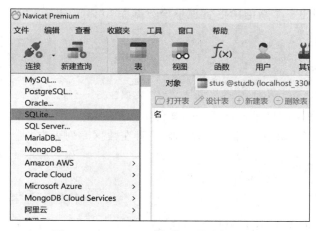

**图 11-29　Navicat 可视化工具连接 SQLite**

（2）在弹出对话框中填写连接名、类型，并选择创建好的 library.db 文件，如图 11-30 所示。

**图 11-30　新建 SQLite 3 连接**

（3）右击新建的 SQLite 3 连接中的 main，新建表，表的设计如图 11-31 所示。

**图 11-31　新建 books 数据表**

### 3．连接数据库

SQLite 3 模块中提供 Connection 和 Cursor 两个数据库常用对象。

（1）Connection 对象。

Connection 对象用于建立与 MySQL 数据库的连接，连接方法：

```
1  Connection = sqlite3.connect('test.db')
```

Connection 对象提供了一些实现了数据库操作的常用方法，如表 11-6 所示。

表 11-6　Connection 对象常用方法

| 方　　法 | 说　　明 |
| --- | --- |
| cursor() | 返回连接的游标，即 Cursor 对象 |
| commit() | 提交当前事务 |
| close() | 关闭数据库连接 |
| backup() | 备份当前数据库 |
| create_function（name，num_params，func） | 把 Python 可调用对象转换为可以在 SQL 语句中调用的函数，其中 name 为可以在 SQL 语句中调用的函数名，num_params 表示该函数可以接收的参数个数，func 表示 Python 可调用对象的名称 |
| execute(sql，parameters=()，/) | 执行一条 SQL 语句，SQL 语句中的参数由 parameters 提供 |
| executemany(sql，parameters，/) | 重复执行同一条 SQL 语句，每次执行时 SQL 语句中的参数由 parameters 提供 |
| executescript(sql_script，/) | 一次执行多条 SQL 语句 |
| rollback() | 撤销事务，将数据库恢复至上次调用 commit() 方法后的状态 |

连接数据库如例 11-22 所示。

【例 11-22】　连接图书管理系统数据库 library.db。

```
1  import sqlite3
2  # 数据库文件名
3  db_name = 'library.db'
4  # 连接数据库
5  connection = sqlite3.connect(db_name)
6  print ("数据库打开成功")
```

（2）Cursor 对象。

Cursor 对象即游标对象，是用于与数据库进行交互的对象，它主要负责执行 SQL 语句。

不要自己创建一个 Cursor 的实例，而是通过调用 connections.Connection.cursor() 函数来构造。

Cursor 对象的常用方法，如表 11-7 所示。

表 11-7　Cursor 对象的常用方法

| 方　　法 | 说　　明 |
| --- | --- |
| execute(sql[，parameters]) | 执行一条 SQL 语句，该 SQL 语句可以参数化，SQLite 3 模块支持两种类型的占位符，问号和命名占位符 |
| executemany（sql，seq_of_parameters） | 对 seq_of_parameters 中的所有参数或映射执行一个 SQL 命令 |

续表

| 方　　法 | 说　　明 |
|---|---|
| executescript(sql_script) | 执行多条 SQL 语句 |
| fetchone() | 获取查询结果集中的一行，返回值为单一序列；当没有可用数据时，返回 None |
| fetchmany(size=1) | 获取查询结果集中的多行，返回一个列表；当没有可用数据时，返回空列表。size 参数用于指定获取的行数 |
| fetchall() | 获取查询结果集中的所有(剩余)行，返回一个列表；当没有可用数据时，返回空列表 |

获得游标对象如例 11-23 所示。

【例 11-23】　使用上文创建的 Connection 对象 Connection 获得游标对象，示例代码如下：

```
1  # 创建游标
2  cur = connection.cursor()
```

### 4. 执行 SQL 语句

使用 Cursor 对象的 execute()、fetchall()等方法执行 SQL 语句，实现数据的增加、更新、删除、查询等。

（1）数据增加。增加单条数据和多条数据分别如例 11-24 和例 11-25 所示。

【例 11-24】　向 books 表中添加一个名为"C 语言程序设计"的书，作者为"李四"，出版社为"清华大学出版社"。

```
1  # 插入一条记录
2  data = ('C 语言程序设计', '李四', '清华大学出版社')
3  # 插入记录的 SQL 语句
4  insert_record_sql = 'INSERT INTO books (title, author, publishertitle, author, publisher)
5  VALUES (?, ?, ?)'
6  cur.execute(insert_record_sql, data)
7  connection.commit()
```

【例 11-25】　向 books 表中添加两本书，分别为"Web 前端开发技术，王五，清华大学出版社""高等数学，张一，清华大学出版社"。

```
1  sql = "INSERT INTO books (title, author, publisher) VALUES ('Web 前端开发技术', '王五', '清华大学出版社'),('高等数学', '张一', '清华大学出版社')"
2  cur.execute(sql)
3  connection.commit()
```

（2）数据更新，如例 11-26 所示。

【例 11-26】　将 books 表中 id=1 的记录的 author 字段改成"小丽"。

```
1  # 更新一条记录
2  data = ('小丽', 1)
3  # 更新记录的 SQL 语句
4  sql = 'UPDATE books SET title = ? WHERE id = ?'
5  cur.execute(sql, data)
6  connection.commit()
```

（3）查询数据。查询所有数据、根据条件查询数据和模糊查询数据如例 11-27～例 11-29 所示。

【例 11-27】 查询 stus 表中的所有数据。

```
1  sql = "SELECT * FROM books"
2  cur.execute(sql)
3  connection.commit()
```

【例 11-28】 查询 books 表中 id＝1 的数据。

```
1  data = (1)
2  sql = "SELECT * FROM books WHERE id = ?"
3  cur.execute(sql,data)
4  connection.commit()
```

【例 11-29】 查询 books 表中书名带 Python 的书。

```
1  sql = "SELECT * FROM books WHERE title LIKE '%Python%'"
2  cur.execute(sql)
3  connection.commit()
```

这条 SQL 语句的工作原理如下：

SELECT * FROM books：选择 books 表中的所有列，其中 * 代表所有列。

WHERE title LIKE '%Python%'：这是一个条件语句，用于筛选 title 字段。LIKE 操作符用于在 WHERE 子句中搜索列中的指定模式。'%Python%'是一个模式，它表示任何包含 Python 的字符串。因此，这个条件会匹配所有书名带 Python 的书。

（4）删除数据，如例 11-30 所示。

【例 11-30】 删除 stus 表中 id＝2 的学生。

```
1  data = (2)
2  sql = "DELETE FROM books WHERE id = ?"
3  cur.execute(sql,data)
4  connection.commit()
```

## 5．关闭游标

使用 Cursor 对象的 close()方法关闭游标。

```
1  # 关闭游标
2  cursor.close()
```

## 6．关闭连接

使用 Connection 对象的 close()方法关闭连接。

```
1  # 关闭连接
2  connection.close()
```

## 11.5　实训案例——学生信息管理系统

设计一个学生信息管理系统，可对学生进行查询、插入、修改、删除和输出等功能，学生属性有学生的 ID（主键）、姓名、性别、年龄、入学年份、专业等信息。

### 1. 案例的实现思路

（1）系统流程图。

学生信息管理系统流程图如图 11-32 所示。

**图 11-32　学生信息管理系统流程图**

（2）数据库设计。

通过 Navicat 可视化工具完成数据库的创建、数据表的创建。学生信息（学生的 ID（主键）、姓名、性别、年龄、入学年份、专业），Navicat 数据库设计如图 11-33 所示。

| 名 | 类型 | 长度 | 小数点 | 不是 null | 虚拟 | 键 | 注释 |
|---|---|---|---|---|---|---|---|
| ▶id | int | | | ☑ | ☐ | 🔑1 | 学生id |
| name | varchar | 100 | | ☑ | ☐ | | 姓名 |
| gender | varchar | 100 | | ☑ | ☐ | | 假设M代表男性，F代表女性 |
| age | int | | | ☑ | ☐ | | 年龄 |
| emyear | int | | | ☑ | ☐ | | 入学年份 |
| major | varchar | 100 | | ☑ | ☐ | | 专业 |

（字段　索引　外键　检查　触发器　选项　注释　SQL 预览）

**图 11-33　数据库设计**

（3）PyMySQL 库访问 MySQL 数据库。

使用 PyMySQL 库访问 MySQL 数据库步骤如下：

① 创建连接。使用 connect()方法创建用于连接数据库的 Connection 对象。

② 获取游标。使用 Connection 对象的 cursor()方法创建 Cursor 对象。

③ 执行 SQL 语句。使用 Cursor 对象的 execute()、fetchone()等方法执行 SQL 语句，实现数据的增加、更新、删除、查询等。

④ 关闭游标。使用 Cursor 对象的 close()方法关闭游标。

⑤ 关闭连接。使用 Connection 对象的 close()方法关闭连接。

（4）系统功能实现。

## 2. 案例参考代码

（1）创建连接。

```
1  import pymysql
2  # 连接数据库
3  try:
4      connection = pymysql.connect(
5          host = 'localhost',
6          user = 'root',
7          password = '123456',
8          database = 'stuDB',
9          charset = 'utf8'
10     )
11 except pymysql.Error as e:
12     print("数据库连接失败", e)
```

（2）获取游标。

```
1  # 获得游标
2  cursor = connection.cursor()
```

（3）系统实现。

```
1  显示菜单,并根据菜单完成查询、添加、修改、删除、输出、退出系统.
2  while True:
3      num = int(input("请选择你需要操作的数据库:1.查询;2.插入;3.修改;4.删除;5.退出;\n"))
4      # 查询
5      if num == 1:
6          sql = "SELECT * FROM stus"
7          try:
8              with connection.cursor() as cur:
9                  cur.execute(sql)
10                 result = cur.fetchall()
11                 for row in result:
12                     sid, sname, sgender, sage, semyear, smajor = row
13                     print(
14                         f"学号: {sstudent_id}, 姓名: {sname}, 性别: {sgender}, 年龄:
   {sage}, 入学年份: {senrollment_year}, 专业: {smajor}")
```

```
15        except Exception as err:
16            print("SQL 查询语句执行错误:", err)
17    # 添加
18    elif num == 2:
19        sname = input("请输入姓名:")
20        sgender = input("请输入性别:")
21        sage = input("请输入年龄:")
22        semyear = input("请输入入学年份:")
23        smajor = input("请输入专业:")
24        data = (sname, sgender, sage, senrollment_year, smajor)
25        sql = "INSERT INTO stus (name, gender, age, enrollment_year, major) VALUES ( % s, % s,
    % s, % s, % s, % s, % s)"
26        try:
27            with connection.cursor() as cur:
28                cur.execute(sql, data)
29            connection.commit()
30            print("插入成功")
31        except Exception as err:
32            print("SQL 语句执行错误:", err)
33            connection.rollback()
34    # 修改
35    elif num == 3:
36        sstudent_id = input("请输入学号:")
37        sname = input("更改的姓名为:")
38        sgender = input("更改的性别为:")
39        sage = input("更改的年龄为:")
40        senrollment_year = input("更改的入学年份为:")
41        smajor = input("更改的专业为:")
42        sql = "UPDATE stus SET name = % s, gender = % s, age = % s, enrollment_year = % s,
    major = % s WHERE student_id = % s"
43        try:
44            with connection.cursor() as cur:
45                cur.execute(sql, (sname, sgender, sage, senrollment_year, smajor, sstudent_id))
46            connection.commit()
47            print("更新成功")
48        except Exception as err:
49            print("SQL 语句执行错误", err)
50            connection.rollback()
51    # 删除
52    elif num == 4:
53        sid = input("请输入需要删除的学号:")
54        sql = "DELETE FROM stus WHERE student_id = % s"
55        try:
56            with connection.cursor() as cur:
57                cur.execute(sql, (sstudent_id,))
58            connection.commit()
59            print("删除成功")
60        except Exception as err:
61            print("SQL 语句执行错误", err)
62            connection.rollback()
63    elif num == 5:
64        break
```

（4）关闭游标和连接。

```
1  # 关闭
2  cursor.close()
3  connection.close()
```

执行结果如图 11-34 所示。

```
请选择你需要操作的数据库：1.查询；2.插入；3.修改；4.删除；5.退出；
1
学号：1，姓名：张三，性别：M，年龄：20，入学年份：2024，专业：软件技术
请选择你需要操作的数据库：1.查询；2.插入；3.修改；4.删除；5.退出；
2
请输入姓名：李四
请输入性别：F
请输入年龄：19
请输入学年份：2024
请输入专业：移动应用开发技术
插入成功
请选择你需要操作的数据库：1.查询；2.插入；3.修改；4.删除；5.退出；
1
学号：1，姓名：张三，性别：M，年龄：20，入学年份：2024，专业：软件技术
学号：2，姓名：李四，性别：F，年龄：19，入学年份：2024，专业：移动应用开发技术
请选择你需要操作的数据库：1.查询；2.插入；3.修改；4.删除；5.退出；
3
请输入学号：2
更改的姓名为：小花
更改的性别为：F
更改的年龄为：19
更改的入学年份为：2024
更改的专业为：计算机网络技术
更新成功
请选择你需要操作的数据库：1.查询；2.插入；3.修改；4.删除；5.退出；
1
学号：1，姓名：张三，性别：M，年龄：20，入学年份：2024，专业：软件技术
学号：2，姓名：小花，性别：F，年龄：19，入学年份：2024，专业：计算机网络技术
请选择你需要操作的数据库：1.查询；2.插入；3.修改；4.删除；5.退出；
4
请输入需要删除的学号：2
删除成功
请选择你需要操作的数据库：1.查询；2.插入；3.修改；4.删除；5.退出；
1
学号：1，姓名：张三，性别：M，年龄：20，入学年份：2024，专业：软件技术
请选择你需要操作的数据库：1.查询；2.插入；3.修改；4.删除；5.退出；
5

Process finished with exit code 0
```

图 11-34　系统运行结果

## 本章小结

本章结合学生管理系统与图书管理系统，详细讲解了 Python 数据库编程。首先介绍
了数据库基础知识和常用 SQL 语句，然后使用 PyMySQL 库中提供的 Connection 和

Cursor 两个数据库常用对象实现 MySQL 数据库的连接，数据的新增、更新、查询和删除；使用 SQLite 3 模块中提供 Connection 和 Cursor 两个数据库常用对象实现 SQLite 数据库的连接，数据的新增、更新、查询和删除。最后针对学生管理系统和图书管理系统两大常见系统，用 Python 数据库编程进行综合练习。

## 习题

### 一、填空题

1. 创建数据库的 SQL 语句是_____。

2. 数据库更新的方法是_____。

3. Python 用来访问和操作 MySQL 数据库的库是_____。

4. 使用 PyMySQL 连接 MySQL 数据库成功之后，得到的 Connection 对象的_____方法以用来执行单条 SQL 语句。

5. 标准库 SQLite 3 中的函数_____用来连接 SQLite 数据库。

6. 连接 SQLite 数据库成功之后，创建的 Connection 对象的_____方法可以用来执行单条 SQL 语句。

7. 使用 PyMySQL 连接 MySQL 数据库成功之后，得到的 Connection 对象的_____方法可以用来提交事务。

8. 用来删除数据库表 stus 中所有 name 字段值为'张三'的记录的 SQL 语句为_____。

### 二、判断题

1. 数据库主要分为关系型数据库（Relational Database）和非关系型数据库（Non-Relational Database，NoSQL）。　　　　　　　　　　　　　　　　　　　　（　　）

2. 查询姓名为"张三"的记录：SELECT * FROM stus name='张三';。　（　　）

3. Cursor 对象即游标对象，是用于与数据库进行交互的对象，它主要连接数据库。（　　）

4. fetchone()：执行 SQL 查询语句，获取下一个查询结果集。　　　　　（　　）

5. SQLite 创建数据库：$ sqlite3 DatabaseName.db。　　　　　　　　（　　）

### 三、选择题

1. SQL 语句中，下面的关键字中可以用来查询数据的是（　　）。
   A. SELECT　　　　B. DELETE　　　　C. UPDATE　　　　D. DROP

2. SQL 语句中，下面的关键字中可以用来修改数据的是（　　）。
   A. SELECT　　　　B. DELETE　　　　C. UPDATE　　　　D. DROP

3. SQL 语句中，下面的关键字可以用来删除数据的是（　　）。
   A. SELECT　　　　B. DELETE　　　　C. UPDATE　　　　D. DROP

4. SQL 语句中，下面的关键字中可以用来插入数据的是（　　）。
   A. SELECT　　　　B. DELETE　　　　C. UPDATE　　　　D. INSERT

5. 下面 SQL 语句中可以用来从数据库中查询 name 包含"王"的所有记录的是（　　）。
   A. SELECT * FROM stus WHERE name LIKE '%王%'

B. SELECT * FROM stus WHERE name LIKE '王'

C. SELECT * FROM stus WHERE name contains '％王％'

D. SELECT * FROM stus WHERE name＝'％王％'

### 四、简答题

1. 简述 SQLite 3 的特点。

2. Connection 对象连接数据库方法 connect 的常用参数是哪些？

### 五、编程题

1. 向 stus 表中插入一名名为"张三"的学生,性别为"男"('M'),年龄为 20 岁,入学年份为 2024 年,专业为"软件技术"。

2. 在 Python 环境中使用 SQLite 数据库,实现学生成绩管理系统,包含学号、姓名、班级、Python 成绩、C 语言成绩、英语成绩,完成数据库表的简单增、删、查、改操作。

# 第 **12** 章

# 数据可视化

**学习目标**

➢ 了解数据分析的流程。

➢ 掌握 NumPy 模块的使用及相关应用。

➢ 掌握 Matplotlib 模块的使用及相关应用。

Matplotlib 是 Python 的绘图库,它能让用户很轻松地将数据图形化,并且提供多样化的输出格式。Matplotlib 可以用来绘制各种静态、动态、交互式的图表。Matplotlib 是一个非常强大的 Python 画图工具,可以使用该工具将很多数据通过图表的形式更直观地呈现出来。Matplotlib 可以绘制线图、散点图、等高线图、条形图、柱状图、3D 图形、图形动画等。

本章针对 2000 年至 2017 年各个季度第一、第二、第三产业和九大行业(农林牧渔业,工业,建筑业,批发和零售业,交通运输、仓储和邮政业,住宿和餐饮业,金融业,房地产业,其他行业)国民生产总值的数据,使用 Python 进行数据分析与可视化操作。

## 12.1　直方图分析

在一个画板中绘制 2000 年、2017 年第 1 季度国民生产总值产业构成分布、行业构成分布直方图。

**【例 12-1】**　直方图分析的代码示例。

(1) 模块导入。

In[1]:

```
import matplotlib.pyplot as plt
import numpy as np
ptl.rcParams['font.sans-serif'] = 'simhei'          #用来正常显示中文标签
ptl.rcParams['axes.unicode_minus'] = False          #用来正常显示正负号
```

（2）获取数据。

导入待处理数据"国民经济核算季度数据.npz"，读取并显示列名、数据，数据总共 69 行 15 列。

In[2]:

```
data = np.load('国民经济核算季度数据.npz')
name = data['columns']      #读取列名
values = data['values']     #读取数据
print(name)
```

Out[2]:

```
['序号' '时间' '国内生产总值_当季值(亿元)' '第一产业增加值_当季值(亿元)' '第二产业增加值
_当季值(亿元)' '第三产业增加值_当季值(亿元)' '农林牧渔业增加值_当季值(亿元)' '工业增加值_
当季值(亿元)' '建筑业增加值_当季值(亿元)' '批发和零售业增加值_当季值(亿元)' '交通运输、仓
储和邮政业增加值_当季值(亿元)' '住宿和餐饮业增加值_当季值(亿元)' '金融业增加值_当季值(亿
元)' '房地产业增加值_当季值(亿元)' '其他行业增加值_当季值(亿元)']
[[1 '2000 年第 1 季度' 21329.9 … 1235.9 933.7 3586.1]
 [2 '2000 年第 2 季度' 24043.4 … 1124.0 904.7 3464.9]
 [3 '2000 年第 3 季度' 25712.5 … 1170.4 1070.9 3518.2]
 …
 [67 '2016 年第 3 季度' 190529.5 … 15472.5 12164.1 37964.1]
 [68 '2016 年第 4 季度' 211281.3 … 15548.7 13214.9 39848.4]
 [69 '2017 年第 1 季度' 180682.7 … 17213.5 12393.4 42443.1]]
```

（3）数据分析。

① 查看 2000 年第 1 季度国民生产总值产业构成分布数据。

In[3]:

```
values = data['values']
values_01 = values[0, 3:6]
print(values_01)
```

Out[3]:

```
[1908.3 9548.0 9873.6]
```

② 查看 2000 年第 1 季度国民生产总值行业构成分布数据。

In[4]:

```
values = data['values']
values_02 = values[0, 6: ]
print(values_02)
```

Out[4]：

```
[1947.5 8798.7 777.1 2100.9 1379.4 570.5 1235.9 933.7 3586.1]
```

③ 查看 2017 年第 1 季度国民生产总值产业构成分布数据。
In[5]：

```
values = data['values']
values_03 = values[-1, 3:6]
print(values_03)
```

Out[5]：

```
[8654.0 70004.5 102024.2]
```

④ 查看 2017 年第 1 季度国民生产总值行业构成分布数据。
In[6]：

```
values = data['values']
values_04 = values[-1, 6:]
print(values_04)
```

Out[6]：

```
[9041.0 61919.4 8360.8 17796.8 8105.4 3409.2 17213.5 12393.4 42443.1]
```

⑤ 在一个画板中绘制 2000 年、2017 年第 1 季度国民生产总值产业构成分布、行业构成分布直方图，如图 12-1 所示。
In[7]：

```
import numpy as np
import matplotlib.pyplot as plt
plt.rcParams['font.sans-serif'] = 'simhei'
plt.rcParams['axes.unicode_minus'] = False
data = np.load('国民经济核算季度数据.npz')
name = data['columns']
values = data['values']
label1 = ['第一产业','第二产业','第三产业']
label2 = ['农业','工业','建筑','批发','交通','餐饮','金融','房地产','其他']
# 创建画布
fig,axes = plt.subplots(2,2,figsize=(12,9))
# 绘制第一个子图 2000 年第 1 季度国民生产总值产业构成分布直方图
plt.subplot(221)
plt.bar(range(3),values[0,3:6],color='blue',width=0.5)
plt.xlabel('产业')
plt.ylabel('生产总值/亿元')
plt.xticks(range(3),label1)
plt.title('(a)2000 年第 1 季度国民生产总值产业构成分布直方图')
# 绘制第二个子图 2017 年第 1 季度国民生产总值产业构成分布直方图
plt.subplot(222)
plt.bar(range(3),values[-1,3:6],color='blue',width=0.5)
```

```
plt.xlabel('产业')
plt.ylabel('生产总值/亿元')
plt.xticks(range(3),label1)
plt.title('(b)2017年第1季度国民生产总值产业构成分布直方图')
# 绘制第三个子图2000年第1季度国民生产总值行业构成分布直方图
plt.subplot(223)
plt.bar(range(9),values[0,6:],color = 'blue')
plt.xlabel('行业')
plt.ylabel('生产总值/亿元')
plt.xticks(range(9),label2)
plt.title('(c)2000年第1季度国民生产总值行业构成分布直方图')
# 绘制第四个子图2017年第1季度国民生产总值行业构成分布直方图
plt.subplot(224)
plt.bar(range(9),values[ - 1,6:],color = 'blue')
plt.xlabel('行业')
plt.ylabel('生产总值/亿元')
plt.xticks(range(9),label2)
plt.title('(d)2017年第1季度国民生产总值行业构成分布直方图')
plt.show()
```

Out[7]:

(a) 2000年第1季度国民生产总值产业构成分布直方图　　(b) 2017年第1季度国民生产总值产业构成分布直方图

(c) 2000年第1季度国民生产总值行业构成分布直方图　　(d) 2017年第1季度国民生产总值行业构成分布直方图

**图 12-1　产业、行业结构分布直方图**

## 12.2 折线图分析

在一个画板中绘制 2000—2017 年三大产业、九大行业季度国民生产总值折线图，其中模块导入和获取数据的方法与 12.1 节中直方图分析相同。

【例 12-2】 折线图分析的代码示例。

数据分析。

① 查看 2000—2017 年三大产业季度国民生产总值数据。

In[1]:

```
values = data['values']
values_05 = values[:, 3:6]
print(values_05)
```

Out[1]:

```
[[1908.3 9548.0 9873.6]
 [3158.2 11127.5 9757.7]
 [4140.6 11887.0 9684.9]
 ...
 [18569.0 75556.9 96403.7]
 [23005.0 85701.5 102574.8]
 [8654.0 70004.5 102024.2]]
```

② 查看 2000—2017 年九大行业季度国民生产总值数据。

In[2]:

```
values = data['values']
values_06 = values[:, 6: ]
print(values_06)
```

Out[2]:

```
[[1947.5 8798.7 777.1 2100.9 1379.4 570.5 1235.9 933.7 3586.1]
 [3209.7 9799.9 1359.0 2073.0 1571.7 536.5 1124.0 904.7 3464.9]
 [4196.1 10503.1 1417.4 1943.2 1370.0 523.2 1170.4 1070.9 3518.2]
 ...
 [19184.0 62507.7 13338.2 17850.4 8658.9 3389.6 15472.5 12164.1 37964.1]
 [23848.0 69752.1 16272.0 19959.3 9089.8 3748.0 15548.7 13214.9 39848.4]
 [9041.0 61919.4 8360.8 17796.8 8105.4 3409.2 17213.5 12393.4 42443.1]]
```

③ 在一个画板中绘制 2000—2017 年三大产业、九大行业季度国民生产总值折线图，如图 12-2 所示。

In[3]:

```
fig, axes = plt.subplots(1,1,figsize = (12,20))
plt.subplot()
years = ['2000 第 1 季度', '2001 第 1 季度', '2002 第 1 季度', '2003 第 1 季度', '2004 第 1 季度',
         '2005 第 1 季度', '2006 第 1 季度', '2007 第 1 季度', '2008 第 1 季度', '2009 第 1 季度',
         '2010 第 1 季度', '2011 第 1 季度', '2012 第 1 季度', '2013 第 1 季度', '2014 第 1 季度',
         '2015 第 1 季度', '2016 第 1 季度', '2017 第 1 季度']
```

```
times = np.linspace(1,68,18)
x = np.arange(1,70)
plt.title('2000 - 2017 年三大产业季度国民生产总值折线图')
plt.plot(x,values[:, 3],label = '第一产业')
plt.plot(x,values[:, 4],marker = '.', linestyle = '--',label = '第二产业')
plt.plot(x,values[:, 5],linestyle = '--',label = '第三产业')
plt.xticks(times,years,rotation = 45)
plt.legend()
plt.ylabel('生产总值/亿元')
plt.show()
```

Out[3]:

图 12-2　2000—2017 年三大产业季度国民生产总值折线图

In[4]:

```
fig,axes = plt.subplots(1,1,figsize = (12,20))
plt.subplot()
years = ['2000 第 1 季度', '2001 第 1 季度', '2002 第 1 季度', '2003 第 1 季度', '2004 第 1 季度',
         '2005 第 1 季度', '2006 第 1 季度', '2007 第 1 季度', '2008 第 1 季度', '2009 第 1 季度',
         '2010 第 1 季度', '2011 第 1 季度', '2012 第 1 季度', '2013 第 1 季度', '2014 第 1 季度',
         '2015 第 1 季度', '2016 第 1 季度', '2017 第 1 季度']
times = np.linspace(1,68,18)
x = np.arange(1,70)
plt.title('2000 - 2017 年九大行业季度国民生产总值折线图')
plt.plot(x,values[:, 6],label = '农业',marker = '.',linestyle = '--',color = 'red')
plt.plot(x,values[:, 7],label = '工业',marker = '',linestyle = '--',color = 'orange')
plt.plot(x,values[:, 8],label = '建筑业',linestyle = '--',color = 'yellow')
plt.plot(x,values[:, 9],label = '批发业',linestyle = ':',color = 'green')
plt.plot(x,values[:, 10],label = '交通',color = 'blue')
plt.plot(x,values[:, 11],label = '餐饮',marker = '.',linestyle = '--',color = 'blueviolet')
plt.plot(x,values[:, 12],label = '金融',linestyle = '-',color = 'purple')
plt.plot(x,values[:, 13],label = '房地产',linestyle = ':',color = 'brown')
```

```
plt.plot(x,values[:, 14],label = '其他',color = 'black')
plt.xticks(times,years,rotation = 45)
plt.legend()
# axes.set_ylabel('生产总值/亿元')
plt.ylabel('生产总值/亿元')
plt.show()
```

Out[4]：

图 12-3　2000—2017 年九大行业季度国民生产总值折线图

## 12.3　饼图分析

在一个画板中绘制 2000 年、2017 年第一季度国民生产总值产业构成分布、行业构成分布饼图，其中模块导入和获取数据的方法与 12.1 节中直方图分析相同。

【例 12-3】　饼图分析的代码示例。

数据分析。

① 查看 2000 年第 1 季度国民生产总值产业构成分布数据。

In[1]：

```
values = data['values']
values_07 = values[0, 3:6]
print(values_07)
```

Out[1]：

```
[1908.3 9548.0 9873.6]
```

② 查看 2000 年第 1 季度国民生产总值行业构成分布数据。

In[2]：

```
values = data['values']
values_08 = values[0, 6: ]
print(values_08)
```

Out[2]：

```
[1947.5 8798.7 777.1 2100.9 1379.4 570.5 1235.9 933.7 3586.1]
```

③ 查看 2017 年第 1 季度国民生产总值产业构成分布数据。
In[3]：

```
values = data['values']
values_09 = values[-1, 3:6]
print(values_09)
```

Out[3]：

```
[8654.0 70004.5 102024.2]
```

④ 查看 2017 年第 1 季度国民生产总值行业构成分布数据。
In[4]：

```
values = data['values']
values_10 = values[-1, 6: ]
print(values_10)
```

Out[4]：

```
[9041.0 61919.4 8360.8 17796.8 8105.4 3409.2 17213.5 12393.4 42443.1]
```

⑤ 在一个画板中绘制 2000 年、2017 年第 1 季度国民生产总值产业构成分布、行业构成分布饼图，如图 12-4 所示。
In[5]：

```
fig,axes = plt.subplots(2,2,figsize = (12,9))
label1 = ['第一产业','第二产业','第三产业']
label2 = ['农业','工业','建筑','批发','交通','餐饮','金融','房地产','其他']
# 第一个子图 2000 年第 1 季度国民生产总值产业构成分布图
plt.subplot(221)
plt.title('(a)2000 年第 1 季度国民生产总值产业构成分布图')
plt.pie(values[0][3:6],labels = label1,autopct = '%.1f%%')
# 第二个子图 2017 年第 1 季度国民生产总值产业构成分布图
plt.subplot(222)
plt.title('(b)2017 年第 1 季度国民生产总值产业构成分布图')
plt.pie(values[-1][3:6],labels = label1,autopct = '%.1f%%')
# 第三个子图 2000 年第 1 季度国民生产总值行业构成分布图
plt.subplot(223)
plt.title('(c)2000 年第 1 季度国民生产总值行业构成分布图')
plt.pie(values[0][6:15],labels = label2,autopct = '%.1f%%')
# 第四个子图 2017 年第 1 季度国民生产总值行业构成分布图
plt.subplot(224)
plt.title('(d)2017 年第 1 季度国民生产总值行业构成分布图')
plt.pie(values[-1][6:15],labels = label2,autopct = '%.1f%%')
plt.show()
```

Out[5]：

(a) 2000年第1季度国民生产总值产业构成分布图

(b) 2017年第1季度国民生产总值产业构成分布图

(c) 2000年第1季度国民生产总值行业构成分布图

(d) 2017年第1季度国民生产总值行业构成分布图

**图 12-4　产业、行业构成分布饼图**

视频讲解

# 12.4　实训案例

河流图是一种特殊的流图,它主要用来表示事件或主题等在一段时间内的变化。围绕着中心轴显示,且边缘是圆形的,从而形成流动的形状。

### 1. 案例的实现思路

本案例中需要用到 NumPy、Matplotlib、Scipy 等库配合使用来进行图形绘制。

### 2. 案例参考代码

```
import matplotlib.pyplot as plt
import numpy as np
from scipy import stats
# 添加数据
x = np.arange(1990, 2020)
y = [np.random.randint(0, 5, size = 30) for _ in range(5)]
```

```python
def gaussian_smooth(x, y, grid, sd):
    """平滑曲线"""
    weights = np.transpose([stats.norm.pdf(grid, m, sd) for m in x])
    weights = weights / weights.sum(0)
    return (weights * y).sum(1)
# 自定义颜色
COLORS = ["#D0D1E6", "#A6BDDB", "#74A9CF", "#2B8CBE", "#045A8D"]
# 创建画布
fig, ax = plt.subplots(figsize = (10, 7))
# 生成图表
grid = np.linspace(1985, 2025, num = 500)
y_smoothed = [gaussian_smooth(x, y_, grid, 1) for y_ in y]
ax.stackplot(grid, y_smoothed, colors = COLORS, baseline = "sym")
# 显示
plt.show()
```

运行效果图如图 12-5 所示。

图 12-5　运行效果图

## 本章小结

本章结合 2000—2017 年各个季度国民生产总值产业和行业分布数据，介绍数据分析的基本流程，使用 NumPy 数据分析模块进行数据的存储、选取和分析，使用 Matplotlib 数据可视化模块进行数据分析结果的可视化展示。针对 2000—2017 年各个季度国民生产总值产业和行业分布数据分别绘制条形图、折线图和饼图，对 Python 基础知识和数据分析进行综合练习。

## 习题

### 一、填空题

1. 数据分析方法一般分为_____、_____、_____。

2. 数据处理主要包括_____、_____、_____。

3. 在 Python 中,使用 NumPy 库创建一个全为零的数组,应该使用 NumPy 的_____函数。

4. Matplotlib 的绘图函数是创建图形的主要方法,包括 plot、scatter、bar 等函数,分别用于绘制_____、_____、_____。

5. Matplotlib 的坐标轴有两种,一种是_____,另一种是_____。

### 二、判断题

1. 扩展库 numpy 中的 arange() 函数功能和内置函数 range() 类似,只能生成包含整数的数组,无法创建包含实数的数组。　　　　　　　　　　　　　　　（　　）

2. 表达式 np.empty((3,5)).sum() 的值一定为 0。　　　　　　　　　　　（　　）

3. 已知 x.shape 的值为(3,5),那么语句 x[：;3]＝2 的作用是把数组 x 所有行中列下标为 3 的元素值都改为 2。　　　　　　　　　　　　　　　　　　（　　）

4. 扩展库 numpy 的 isclose() 返回包含若干 True/False 值的数组,而 allclose() 返回 True 或 False 值。　　　　　　　　　　　　　　　　　　　　　　（　　）

5. 扩展库 numpy 的函数 append() 和 insert() 是在原数组的基础上追加或插入元素,没有返回值。　　　　　　　　　　　　　　　　　　　　　　　　　（　　）

### 三、选择题

1. 以下 Python 中常用的数据分析库的是(　　)。
   A. NumPy　　　　　　B. TensorFlow　　C. Django　　　　　　D. Flask

2. 在 Python 中,以下可以用于数据可视化的是(　　)。
   A. Matplotlib　　　　B. pandas　　　　　C. scikit-learn　　　D. requests

3. 在 Python 中,以下方法中可以将两个 DataFrame 按照某一列进行合并的是(　　)。
   A. merge()　　　　　B. append()　　　　C. join()　　　　　　D. concat()

4. 以下函数中可以对 DataFrame 进行数据清洗,去除缺失值的是(　　)。
   A. dropna()　　　　　B. fillna()　　　　　C. isnull()　　　　　D. drop_duplicates()

5. 使用可视化扩展库 Matplotlib 的模块 pyplot 中的 bar() 函数绘制柱状图时,下面参数中可以用来设置柱的位置的是(　　)。
   A. hatch　　　　　　B. color　　　　　　C. left　　　　　　　D. lw

### 四、简答题

1. 简要说明 NumPy 和 pandas 这两个库在数据分析中的应用和区别。

2. 简要介绍 Matplotlib 中如何自定义图表的颜色和样式。

### 五、编程题

1. 请编写一个 Python 函数,计算一个给定列表的平均值。

2. 请编写一个 Python 程序,使用 Matplotlib 库绘制一个饼图,展示某个产品在市场中的销售占比。

第 **13** 章

# 综合案例

**学习目标**

➢ 了解员工信息管理系统的架构。

➢ 掌握 Python 多种语法元素的综合运用。

➢ 掌握数据库系统的设计。

➢ 掌握员工管理模块功能的实现。

本章将通过前面章节学习的基础语法、数据库编程等相关知识来实现一个简单的员工信息管理系统。

## 任务一　需求分析

### 【任务描述】

本任务主要完成员工信息管理系统的需求分析与概要设计,确定该系统所需的功能,确定系统的功能模块。

本任务的关键点如下：

（1）需求分析；

（2）功能模块划分；

（3）技术分析。

## 【任务分析】

需求分析是项目开发中最为重要的一环，完整有效的需求分析对后面的系统设计与开发有着非常重要的作用。根据需求进行员工信息管理系统的功能模块的划分。

## 【任务实施】

### 1. 需求分析

开发一个员工信息管理系统，需要满足以下一些基本需求。

（1）添加新员工信息。

（2）修改员工信息。

（3）删除员工信息。

（4）查询员工信息。

（5）统计员工信息。

### 2. 功能设计

根据员工信息管理系统的需求，可以将整个系统划分为图 13-1 所示各功能模块。员工信息管理系统如图 13-1 所示。

### 3. 技术分析

本案例采用控制台程序模式进行开发，数据库采用MySQL 数据。

图 13-1　员工信息管理系统

## 【任务小结】

本阶段任务完成了员工信息管理系统的整体需求分析。

# 任务二　概要设计

## 【任务描述】

根据需求分析，进行系统的概要设计。

本任务的关键点如下所述。

（1）创建数据表。

（2）确定系统主要功能模块。

## 【任务分析】

本系统需要对员工、管理员信息进行读写操作,这些信息都需要保存下来。本系统采用 MySQL 数据库进行数据存储,根据系统需求进行数据表的创建。

## 【任务实施】

### 1. 数据库设计

员工表如图 13-2 所示。

| 字段 | 索引 | 外键 | 触发器 | 选项 | 注释 | SQL 预览 | | | | | | |
|---|---|---|---|---|---|---|---|---|---|---|---|---|
| 名 | | | | 类型 | | 长度 | 小数点 | 不是 null | 虚拟 | 键 | 注释 |
| id | | | | varchar | | 20 | 0 | ☑ | ☐ | 🔑1 | |
| name | | | | varchar | | 20 | 0 | ☐ | ☐ | | |
| salary | | | | float | | 10 | 2 | ☐ | ☐ | | |

图 13-2　员工表

管理员表如图 13-3 所示。

| 名 | 类型 | 长度 | 小数点 | 不是 null | 虚拟 | 键 |
|---|---|---|---|---|---|---|
| username | varchar | 30 | 0 | ☐ | ☐ | |
| password | varchar | 20 | 0 | ☐ | ☐ | |

图 13-3　管理员表

### 2. 功能菜单设计

(1) 一级菜单:登录(需要验证身份、验证用户名和密码)。

(2) 二级菜单:登录成功进入二级菜单。

① 查询所有员工信息。

② 根据工号查询员工信息。

③ 添加员工。

④ 修改员工工资。

⑤ 删除员工。

⑥ 退出。

## 【任务小结】

本任务完成了数据表的创建,为系统业务的进行提供了数据存储空间,同时也对系统的功能菜单进行了规划。

# 任务三　系统功能的实现

## 【任务描述】

根据需求分析和概要设计,明确了系统的主要功能,本任务主要负责相关功能的具体实现。

本任务的关键点如下:

(1) 管理员登录;

(2) 员工信息的增、删、查、改。

## 【任务分析】

本系统是一个员工信息管理系统,主要功能要实现员工信息的增、删、查、改等操作。

## 【任务实施】

### 1. 数据库连接

实现代码:

```python
import pymysql
# 连接数据库
conn = pymysql.connect(
    host = "localhost",
    port = 3306,
    user = "root",
    password = "123456",
    db = "test",
    charset = "utf8"
)
cur = conn.cursor()
```

### 2. 登录功能的具体实现

员工管理系统在使用之前需要进行管理员的登录。

实现代码:

```python
def login():
    """
    一级目录,用户登录
    :return:
    """
    a = 0
    for i in range(0, 3):
        username = input("请输入用户名:")
        password = input("请输入密码:")
        try:
            sql = "select password from user where username = '%s'" % username
            cur.execute(sql)
            res = cur.fetchone()
            if res is None:
                print("用户名错误,登录失败")
            else:
                my_password = res[0]
                print("-" * 30)
                if my_password == password:
                    print("登录成功!")
                    break
                else:
                    print("密码错误,登录失败。")
        except Exception as e:
            print(e)
```

### 3. 查询所有员工信息

实现代码：

```
def query_all():
    """
    查询所有员工信息
    :return:
    """
    try:
        sql = "select * from employee"
        cur.execute(sql)
        res = cur.fetchall()
        for i in ["员工号", "员工姓名", "员工工资"]:
            print(i, end="\t\t")
        print("")
        for row in res:
            id = row[0]
            name = row[1]
            salary = row[2]
            print("%s\t\t%s\t\t%s\t\t" %
                  (id, name, salary))
        print("所有员工信息显示完毕!")
        print("-" * 50)
        print("")
    except Exception as e:
        print(e)
    pass
```

### 4. 根据工号查询员工信息

实现代码：

```
def query_id():
    """
    根据工号查询员工信息
    :return:
    """
    print("-" * 50)
    print("根据工号查询员工信息")
    id = input("请输入要查询员工的工号:")
    try:
        sql = "select * from employee where id = '%s'" % id
        cur.execute(sql)
        res = cur.fetchone()
        for i in ["员工号", "员工姓名", "员工工资"]:
            print(i, end="\t\t")
        print("")
        id = res[0]
        name = res[1]
        salary = res[2]
        print("%s\t\t%s\t\t%s\t\t" %
              (id, name, salary))
        print("该员工信息显示完毕!")
        print("-" * 50)
        print("")
    except Exception as e:
        print(e)
    pass
```

**5. 添加员工**

实现代码：

```python
def add_staff():
    """
    添加员工
    :return:
    """
    print("-" * 50)
    print("添加新员工信息")
    id = input("员工号:")
    name = input("员工姓名:")
    salary = input("员工工资:")
    try:
        sql = "insert into employee values('%s','%s','%s')"
        data = (id, name, salary)
        cur.execute(sql % data)
        conn.commit()
        print("添加新员工信息成功!")
        print("-" * 50)
        print("")
    except Exception as e:
        print(e)
    pass
```

**6. 修改员工工资**

实现代码：

```python
def update_staff():
    """
    修改员工工资
    :return:
    """
    print("-" * 50)
    print("修改员工工资")
    id = input("请输入要修改工资的员工号:")
    salary = input("请输入该员工的新工资:")
    try:
        sql = "update employee set salary = '%s'where id = '%s'"
        data = (salary, id)
        cur.execute(sql % data)
        conn.commit()
        print("修改该员工的工资成功!")
        print("-" * 50)
        print("")
    except Exception as e:
        print(e)
    pass
```

**7. 删除员工**

实现代码：

```python
def del_staff():
    """
```

```
    删除员工
    :return:
    """
    print("-" * 50)
    print("删除员工")
    id = input("请输入要删除员工的员工号:")
    try:
        sql = "delete from employee where id = '%s'"
        data = (id)
        cur.execute(sql % data)
        conn.commit()
        print("删除员工信息成功!")
        print("-" * 50)
        print("")
    except Exception as e:
        print(e)
    pass
```

**8. 数据库关闭**

实现代码：

```
def close():
    """
    关闭数据库
    :return:
    """
    cur.close()
    conn.conn.close()
```

**9. main()函数**

实现代码：

```
def menu():
    print("")
    print("*" * 50)
    print("【员工管理系统】V1.0")
    print("")
    print("1.查询所有员工信息")
    print("2.根据工号查询员工信息")
    print("3.添加员工")
    print("4.修改员工工资")
    print("5.删除员工")
    print("")
    print("6.退出")
    print("*" * 50)
    print("")
def choose():
    """
    将要选择的操作
    :return:
    """
    while True:
        temp = input("请输入想要执行的操作:")
```

```python
            print("您选择的操作是%s:" % temp)
            if temp in ["1", "2", "3", "4", "5"]:
                if temp == "1":
                    op.query_all()
                if temp == "2":
                    op.query_id()
                if temp == "3":
                    op.add_staff()
                if temp == "4":
                    op.update_staff()
                if temp == "5":
                    op.del_staff()
            elif temp == "6":
                print("退出程序,谢谢使用!")
                break
            else:
                print("您输入的信息不正确,请重新输入!")
def main():
    login()
    menu()
    choose()
    close()
if __name__ == '__main__':
    main()
```

程序运行结果如图 13-4 所示。

图 13-4　程序运行结果

图 13-4　（续）

## 【任务小结】

本任务实现了管理员登录和员工信息的增、删、查、改等相关操作。

## 本章小结

本章采用了员工信息管理系统作为实训案例，从需求分析、概要设计到各功能模块的具体实现进行了详细的描述。根据本章内容可以最终实现一个基于控制台的管理系统，在此实现此系统的过程中，综合应用了 Python 语言的各项基础知识，以及数据库相关知识，让学生通过本案例进一步熟练掌握本课程的理论部分。

# 参 考 文 献

［1］ 周方,陈建雄,朱友康.Python 语言程序设计基础教程(微课视频版)［M］.北京:清华大学出版社,2023.

［2］ 陈承欢,汤梦姣.Python 程序设计任务驱动式教程(微课版)［M］.北京:人民邮电出版社,2021.

［3］ 戴歆,罗玉军.Python 开发基础［M］.北京:人民邮电出版社,2018.

［4］ 叶明全.Python 程序设计［M］.北京:科学出版社,2019.

［5］ 储岳中,薛希玲.Python 程序设计教程［M］.2 版.北京:人民邮电出版社,2024.

［6］ 林子雨,赵江声,陶继平.Python 程序设计基础教程(微课版)［M］.北京:人民邮电出版社,2022.

［7］ 王桂芝.Python 程序设计基础与实战(微课版)［M］.北京:人民邮电出版社,2022.

［8］ 陈雪芳,范双南,张莲春.Python 语言程序设计［M］.长沙:湖南大学出版社,2021.

［9］ 郭炜.Python 程序设计基础及实践(慕课版)［M］.北京:人民邮电出版社,2021.

［10］ 黑马程序员.Python 快速编程入门［M］.2 版.北京:人民邮电出版社,2020.

［11］ 黑马程序员.Python 程序设计任务驱动教程［M］.北京:高等教育出版社,2023.

# 图书资源支持

感谢您一直以来对清华版图书的支持和爱护。为了配合本书的使用,本书提供配套的资源,有需求的读者请扫描下方的"书圈"微信公众号二维码,在图书专区下载,也可以拨打电话或发送电子邮件咨询。

如果您在使用本书的过程中遇到了什么问题,或者有相关图书出版计划,也请您发邮件告诉我们,以便我们更好地为您服务。

## 我们的联系方式:

清华大学出版社计算机与信息分社网站:https://www.shuimushuhui.com/

地　　　址:北京市海淀区双清路学研大厦 A 座 714

邮　　　编:100084

电　　　话:010-83470236　010-83470237

客服邮箱:2301891038@qq.com

QQ:2301891038(请写明您的单位和姓名)

资源下载:关注公众号"书圈"下载配套资源。

资源下载、样书申请

书圈

图书案例

清华计算机学堂

观看课程直播